南流江现代水文-地貌过程

黎树式　戴志军　著

科学出版社
北京

前　　言

地球主要由大陆和海洋两大系统组成，陆海物质及能量的交换是连接大陆和海洋的纽带，是全球变化研究的重要内容。河流入海物质是海岸带地质地貌以及生物地球化学过程的基础，入海物质传输是地球生物化学循环的重要途径（Walling and Fang，2003；Newton and Icely，2008；Xu and Milliman，2009；Milliman and Farnsworth，2011；Wang et al.，2011；Dai et al.，2011b，2014，2016）。地球上大约 85% 的陆地表面物质是通过河流水沙输送入海（Bianchi and Allison，2009）。河流水沙的基本变化来自水文和地貌的互馈机制。河流水文过程塑造河川地貌，地貌的形成演化亦控制了水文环境的动态变化。二者的相互影响在很大程度控制了河流水沙的变化。因而，河流水文-地貌过程的研究对河流物质循环、物质迁移以及流域-河口地貌环境效应皆具有重要价值。

然而，随着近几十年来流域-海岸带高度城市化和社会经济活动的扩张，在全球气候变化、海平面上升的情景下，河流水文-地貌过程发生变异，入海水沙通量趋于减少（Milliman and Farnsworth，2011；Dai et al.，2011b；任惠茹等，2014），流域-海岸-海湾生态系统压力明显增大（黎树式等，2014）。河流水文-地貌过程对人类的生存环境和经济社会活动有着深远的影响。鉴于此，国际科学界组织了 4 个大型全球变化研究计划：①世界气候研究计划（World Climate Research Programme，WCRP）；②国际地圈生物圈计划（International Geosphere-Biosphere Programme，IGBP）；③全球环境变化的人文因素计划（International Human Dimension Programme on Global Environmental Change，IHDP）；④生物多样性计划（DIVERSITAS）。其重点或关键内容均涉及流域水文-地貌的变化。

然而，对全球流域水文-地貌过程的研究甚少，且多集中于河流物质通量的研究。河流物质通量变化，特别是入海水沙通量变化的研究，持续受到较多学者关注（胡敦欣，1996；沈焕庭和朱建荣，1999；李春初和雷亚平，1999；Dai et al.，2011；任惠茹等，2014）。由于地理位置、河流类型和人类活动干预强度的不同，河流入海水沙通量变化情况也不尽相同。学者们对全球典型江河的研究表明，入海水沙通量锐减趋势明显。典型的江河有密西西比河（Wiegel，1996）、科罗拉多河（Vörösmarty et al.，2003）、多瑙河（Humborg et al.，1997；Walling，2006）、黄河（许炯心，2003；尚红霞等，2015）、长江（沈焕庭等，2009；Dai et al.，2011a，2014，2016；Yang et al.，2011，2015）和珠江（任惠茹等，2014；吴创收等，2014）等。但中小河流，尤其是独流入海河流物质通量的研究仍有待进一步深入，其研究成果主要集中在典型岛屿型河流——台湾河流的泥沙输运研究（刘恩宝等，1981；Galewsky et al.，2006；Milliman and Kao，2006；Kao et al.，2008；Liu et al.，2008；Chen，2012；Chueh，2012；Wu et al.，2016），系统研究我国西南地区独流入海河流的水沙成果甚少，更毋庸说河流的水文–地貌过程分析。

有关资料表明，我国流域面积 100 km² 以上的中小河流就有 5 万多条，包括七大江河干流及主要支流以外的三、四级支流、独流入海河流、内陆河流、跨国河流和平原区排涝（洪）河流等（张晓兰，2005）。这些河流流程短、河面窄、坡降大、流域面积小，对气候变化和人类活动的响应更快速、更直接，其中以岛屿型和山区型中小型河流最为典型。比如，位于亚热带沿海地区的中小河流，受热带气旋等极端天气影响大，热带气旋及其带来的暴雨和洪水导致河流流量和含沙量变化明显的同时，常常对河床与河岸地貌造成严重破坏。与此同时，建坝、建水库、修河堤和采砂等人类活动可能造成入海泥沙的进一步减少，导致下游及河口泥沙供应不足，河口三角洲遭受侵蚀（Darby et al.，2016；Wu et al.，2016）。因此中小河流的水文–地貌变化研究有重要的科学意义和应用价值。

北部湾是南海北部半封闭海湾，为中越两国陆地与中国海南岛所环抱。注入北部湾的独流入海河流流域面积大于 100 km² 的有 16 条，其中大于 1000 km² 的较大河流有南流江、大风江、钦江、茅岭江、防城河和北仑河（广西壮族自治区地方志编纂委员会，1998）。自 20 世纪 50 年代以来，特别是近十年来气候变化和愈演愈烈的人类活动可能导致这些河流的水文-地貌发生大的变异。相关研究表明，广西沿海自 20 世纪 80 年代以来，因入海河流流域土地利用、城镇化、修建大坝水库及沿海港口建设等人类活动，海岸侵蚀加重，滨海湿地损失严重（黄鹄等，2015；黎树式等，2014）。南流江是我国西南最大的独流入海河流，研究其水文-地貌的变化过程及其对河槽和河口沉积的影响，有助于揭示我国西南独流入海河流水文机制、地貌演化格局及其对河口沉积环境的影响效应。

本书的顺利出版，得到了华东师范大学河口海岸学国家重点实验室、广西沿海水文水资源局、钦州市海洋局和钦州学院等单位的大力支持，同时也得到了国家自然科学基金项目（41376097，41666003）、广西自然科学基金项目（2015GXNSFBA139207）、广西高等学校科学研究人文社科重点项目（KY2015ZD133）、广西北部湾海洋灾害研究重点实验室自主课题（编号：2017TS08）以及广西北部湾海岸工程实验室自主课题（编号：2016ZZD01、2016ZZD02、2016ZYB01）的大力资助。梅雪菲、魏稳、高近娟、葛振鹏、庞文鸿参与本书的部分图件绘制和文字处理工作，梁铭忠、劳燕玲、欧业宁等参与了部分室内与野外工作，在此一并感谢！

目　　录

第1章　南流江流域概况

南流江流域地处我国南部沿海，其东面是雷州半岛，南濒北部湾，西南与越南相邻，西北为十万大山，东北是云开大山和六万大山，形成近似马蹄形（门）区域（图1-1）。南流江从广西北海市合浦县入海，主入北部湾。广西北部湾海岸线位于我国海岸线的西端，东与广东省廉江市交界于英罗港洗米河口，地理坐标为107°29′ E、20°54′ N，西与越南交界于北仑河口，地理坐标为109°46′ E、22°28′ N。北部湾海域总面积达12.93×10⁴ km²，大陆岸线总长1628.59 km，沿海滩涂面积1005 km²。该流域地处华南经济圈、西南经济圈和东盟经济圈的结合部，经济区位优势明显，战略地位突出。作为我国

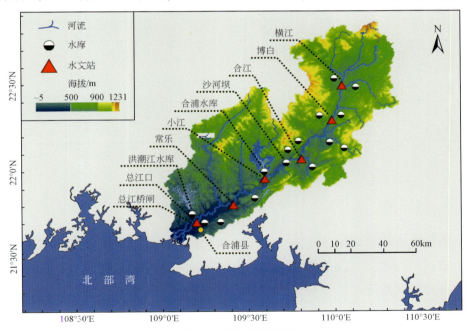

图1-1　南流江区位图

西部大开发地区唯一的沿海区域，南流江流域是广西北部湾经济区和北部湾城市群的重要组成部分，同时也是我国与东盟国家既有海上通道，又有陆地接壤的区域，是"一带一路"有机衔接的重要门户。

南流江发源于广西玉林市大容山，流域范围 109°00′03″ ~ 110°23′12″E，21°35′54″ ~ 22°52′32″N，是环北部湾独流入海诸河中，流程最长、流域面积最广、水量最丰富、多年入海悬沙质泥沙最大的河流（赵焕庭等，1999）。南流江干流地跨北流市、玉林市区（含玉州、福绵区）、博白县、浦北县和合浦县，另有支流流经钦州市钦南区、灵山县、兴业县和陆川县，涉及广西玉林、钦州、北海 3 个地级市 10 个县（市、区）。干流全长 287 km，流域面积 9507 km²，平均坡降 0.35‰。流域流经的各县（市、区）的面积如表 1-1。

表 1-1　南流江流域在各行政区境内面积

地名	面积/km²	地名	面积/km²	地名	面积/km²
北流市	750.2	浦北县	1807	合浦县	1381.2
玉州区	464	灵山县	869.43		
福绵区	787	钦南区	24		
兴业县	560				
博白县	2361.5				
陆川县	503				
玉林市合计	5425.7	钦州市合计	2700.43	北海市合计	1381.2

1.1　地质与地貌

南流江流域地质构造复杂。该区域地处新华夏构造体系第二沉降带与华南褶皱带的交汇点，志留系、泥盆系、石炭系、侏罗系、白垩系、古近系、新近系和第四系等地层都有发育，分布有花岗岩、砂岩和页岩等。合浦大断裂（北流−合浦断裂）经北流市、玉林市、博白县至合浦县南西端进入北部湾海域，长 350 km 以上，深约 22 km。南流江流域水下受其控制（马胜中，2011），是该流域较大的基本构造单元（唐昌韩等，1995）。南流江三角洲所属的北部湾湾内海底地形平坦，水深多在 20～80 m，最大水深 106 m，平均深度 38 m。湾内矿质沉积物有粗砂、中砂、粉砂和细砂，北部湾北部以粉砂为主（吴敏兰，2014）。

南流江流域地势西北高、东南低，北部有发源地大容山，东部是云开大山，西北部是六万大山。近岸浅海属半封闭性大陆架海域，海底地形坡度平缓，等深线基本与岸线平行，大致呈纬向分布（图 1-2）。一般而言，海岸地貌类型有三角洲型海岸、溺谷海岸、山地型海岸和台地型海岸（马胜中，2011）。华南海岸类型主要有沙坝（堡岛）-潟湖型、溺谷港湾型、台地侵蚀型和河口三角洲型四种（戴志军和李春初，2008），其中广西海岸主要分布溺谷港湾型（如钦州湾、铁山港、防城港等）、沙坝（堡岛）-潟湖型（金滩、外沙岛）和河口三角洲型，其中南流江入海口属于河口三角洲型海岸。

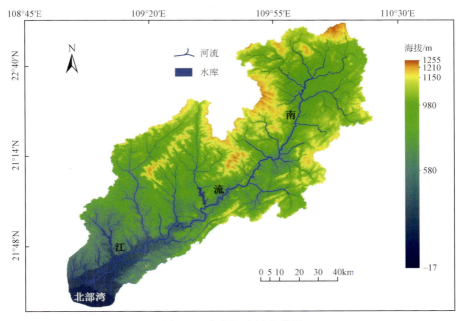

图 1-2　南流江流域地貌图

为便于分析南流江水文-地貌过程，依据流域地貌和水文特征，结合河流的纵剖面变化情况，划分南流江上、中和下游（图 1-3）。上游位于大容山区，主要为玉林市辖区，行政区上可将博白县的沙田镇为分界点。上游位于大容山区，属于山区河流河段，一般海拔较高，植被覆盖好，代表水文站为横江站。因横江站水沙数据缺乏，本研究选择离横江站最近的水文站——博白站为上游最典型站点。中游主要为钦州市和玉林市共同管辖区，行政区上可将玉林市博白县沙田镇到钦州市浦北县石埇镇河段划为南流江中游区域。中游人为干预流域程度较高，属低丘陵区域，有小江站、合江站等代表水文站。下游则包括石埇镇及以下的河段，地势较平坦，泥沙以堆积为主，是流域人类活动最密集区域，控制水文站为常乐站。

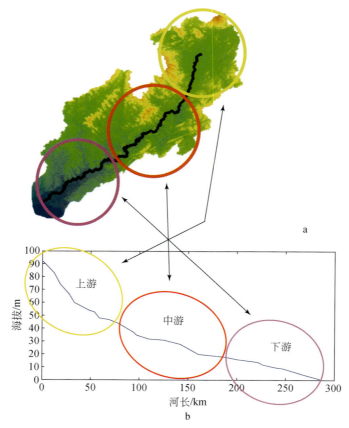

图 1-3　南流江上、中及下游区域的界定

a. 地势图；b. 纵剖面图

1.2　植被与土壤特征

南流江流域自然植被类型有亚热带针叶林、亚热带常绿–落叶阔叶混交林、亚热带常绿阔叶林、亚热带竹林及竹丛、亚热带常绿阔叶、落叶阔叶灌丛以及红树林（车良革等，2012）。流域以亚热带针叶林为主，树种以马尾松林、杉木林和湿地松林居多。红树林主要分布在南流江入海口，常见的红树林植物种类有桐花树和秋茄。流域主要土壤类型为滨海盐土、潮土、赤红壤、红壤、黄壤、石灰土、水稻土、新积土、砖红壤和紫色土。赤红壤在流域分布最广，占流域面积的 50% 以上，其次是水稻土和砖红壤。

1.3　气象气候特征

南流江流域位于北回归线以南的低纬度区，属南亚热带海洋性季风气候区，具有季风明显、海洋性强、干湿分明、冬暖夏凉、灾害性天气较多等气候特点。每年 5～11 月热带气旋较活跃。冬季盛行偏北风，夏季盛行南风和东南风。最大风速达 36 m/s，台风期间阵风可达 40 m/s 以上。年平均气温约为 22.0 ℃，年均降水量为 2000 mm 左右，自然蒸发量为 1000～1400 mm，年平均相对湿度约为 80%。

1.4　水　文　特　征

1. 陆地水文

广西境内直接流入南海北部湾的河流很多，独流入海的中小型河流有120 余条，其中 95% 为季节性小河流，流域面积大于 100 km² 小于 1000 km² 的有 12 条。南流江、大风江、钦江、茅岭江、防城河、北仑河 6 条河流是流域面积较大的北部湾北部常年性河流（广西壮族自治区地方志编纂委员会，

1998）（表1-2）。

表1-2　广西主要入海河流基本信息

河流名称	河流长度/km	流域面积/km²	河口所在地
南流江	287	9507	北海市
大风江	185	1927	北海市
			钦州市
钦江	179	2457	钦州市
茅岭江	123	2909	钦州市
			防城港市
防城河	100	750	防城港市
北仑河	107	1187	防城港市与越南界河

南流江有61条支流，其中南流江一级支流面积50 km²以上的有32条，集雨面积大于100 km²的支流有清湾江、定川江、新桥江、沙田江、旺老江、绿珠江、水鸣河、亚山江、合江、小江、张黄江、武利江和洪潮江等13条（表1-3）。

表1-3　南流江面积在100 km²以上支流的基本特征

序号	河流名称	河流等级	集水面积/km²	河长/km	起点	终点
1	南流江	干流	9232	285	北流兴业交界莲花顶	合浦党江镇木案村
2	清湾江	右一级	367	40	北流大里镇高垌村	福绵区福绵镇新江村
3	定川江	右一级	683	59	兴业葵阳镇四新村	福绵区福绵镇船埠圩
4	丽江	左一级	537	61	北流六麻镇六美村	玉州区新桥镇田横村
5	旺老江	右一级	102	27	玉州区樟木镇三塘村	玉州区樟木镇旺老村
6	沙田河	左一级	213	40	陆川大桥镇瓜头村	陆川沙田镇大江村
7	绿珠江	右一级	350	44	玉州区樟木镇六答村	博白绿珠镇珠江村
8	鸦山江	左一级	241	42	兴业小平山乡金华村	福绵区福绵镇中坡村

续表

序号	河流名称	河流等级	集水面积/km²	河长/km	起点	终点
9	水鸣河	右一级	176	33	博白永安镇新祥村	博白大利镇龙利村
10	合江	左一级	581	51	博白新田镇亭子村	博白合江镇新郑村
11	小江	右一级	905	87	浦北福旺镇大双村	博白菱角镇小马口村
12	张黄江	右一级	424	52	浦北龙门镇赵村坪	博白泉水镇上塘村
13	武利江	右一级	1223	127	浦北福旺镇坪铺村	合浦石康镇筏埠村
14	洪潮江	右一级	472	46	灵山伯劳镇菱塘村	合浦石湾镇永康村

2. 海洋水文

南流江从北部湾北部的廉州湾入海。廉州湾是北海冠头岭西南嘴至大风江东岸窑头嘴连线与沿岸围成近似半圆海湾，经纬度为 108°57′~109°10′ E，21°27′~21°36′ N，口门宽约 17 km，水域面积 237 km²。廉州湾潮汐作用较强，潮流是主要的水动力因素。湾内潮汐主要由太平洋潮波传入南海，然后进入北部湾。近岸平均潮差 2.54 m，属中等潮控制的岸段，潮流性质比值一般为 2.6~3.3，是不正规全日潮流（蒋磊明等，2008）。潮流运动方式以往复流为主，涨潮时，潮流流向主要为 N—NE；落潮时，则以 S—SW 向为主。潮流平均流速为 20~60 cm/s，落潮流大于涨潮流，表层流速大于底层。湾内海流主要受风场影响，冬春季为逆时针方向环流，夏秋季以顺时针方向环流为主。据 1983 年短期观测资料，南流江河口各汊道平均潮差 3.24 m，最大潮差达 4.5 m。流速总体趋势涨潮大于落潮，涨潮平均流速 0.62 m/s，落潮平均 0.58 m/s，但南流江主要干流——南干江的落潮流速大于涨潮流速（赵焕庭等，1999）。湾内波浪以风浪为主，其次是纯涌浪和混合浪。波浪随季节变化十分明显，全年中有两个常向浪，其中 N—NE 为主浪向，出现频率占 36%；另外 SW—WSW 为次浪向，出现频率占 19.2%。最大波高 2.0 m，平均波高 0.28 m（蒋磊明等，2008）。湾内径流作用相对较小，夏季强冬季弱（邱绍芳和赖廷和，2004）。

1.5 经济社会概况

南流江流域是北部湾城市群和广西北部湾经济区的重要区域，流域 2013 年末总人口 1122.02 万人，人口密度为 414.49 人/km²，是广西人口密度 199 人/km²的 2 倍多。2013 年地区生产总值 1731.83 亿元，人均 GDP 1.54 万元，约为广西人均 GDP 3.06 万元的 1/2。20 世纪 60 年代以来，流域内展现出不同类型的人类开发方式，这主要包括：水利工程、水土保持、围填海、海水养殖和采砂等。

第2章 南流江水文过程

径流量是指一定时段内通过河流某一断面的水量,输沙量是一定时段内通过河流指定过水断面的泥沙总量,它们是分析河流水文过程的重要指标。作为沟通河流与海洋的重要载体,河流的径流和泥沙也是流域-河口-大陆架地球生物化学循环的物质基础(Milliman and Farnsworth, 2013),入海水沙通量变化则是未来地球海岸计划(FEC)重点关注的内容之一(Hel, 2016)。前已论及,当全球大河与岛屿山区型河流的水沙研究备受关注时,独流入海的河流水文过程分析相对甚少。基于此,本章重点阐述环北部湾最大独流入海河流——南流江的水沙变化特征。

2.1 水沙月、季节变化

在复杂的地形、降水以及人类活动等多重作用下,河流水文过程不仅出现瞬变、非线性特征,同时也有不同时间尺度的周期性振荡规律。理解河流的水文振荡对加强河流水文预报、增加对河流水沙资源的利用具有重要价值。本节从水沙月、季、年的尺度以及水沙通量的概率密度分布等方面研究南流江水沙周期性振荡特征。

2.1.1 年内水沙变化特征

1965~2013年博白站和常乐站的最大月平均流量均出现在1981年7月,分别为534.61 m^3/s和1143.03 m^3/s,两者的最小值分别出现于1981年的2月和1989年12月。1965~2012年博白站的最大月平均含沙量0.7 kg/m^3出现在1971年6月,最小值0.002 kg/m^3出现于1965年1月和2003年10月。常乐站最大月平均含沙量0.548 kg/m^3出现在1967年4月,最小值0.001 kg/m^3

出现于 1995 年 12 月和 1996 年 10、11、12 月（图 2-1，表 2-1）。据此可知，博白站月平均含沙量略高于常乐站，月平均流量却明显低于常乐站。

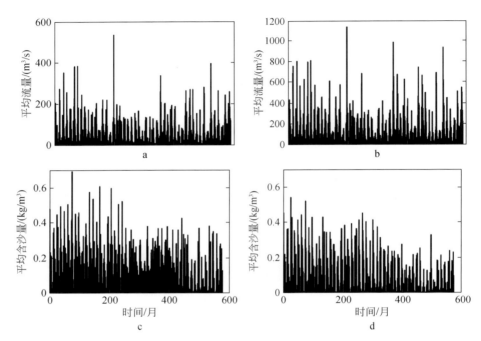

图 2-1　博白站和常乐站月平均流量和月平均含沙量变化

a. 博白站月平均流量；b. 常乐站月平均流量；c. 博白站月平均含沙量；d. 常乐站月平均含沙量

表 2-1　主要水文站月平均流量与月平均含沙量极值

项目		博白站	常乐站
月平均流量/（m³/s）	最大值	534.61	1143.03
	出现年月	1981 年 7 月	1981 年 7 月
	最小值	2.67	9.38
	出现年月	1981 年 2 月	1989 年 12 月
月平均含沙量/（kg/m³）	最大值	0.7	0.548
	出现年月	1971 年 6 月	1967 年 4 月
	最小值	0.002	0.001
	出现年月	1965 年 1 月；2003 年 10 月	1995 年 12 月；1996 年 10、11、12 月

与此同时，1965～2012 年博白站和常乐站的月平均流量等值线图表明，月平均流量总体呈"两头高，中间低"的基本特征。低值区均出现在 1990 年前后，其中博白站低值区更明显、范围更宽。两站月平均流量高值区出现时间高度一致，分别主要位于 1965～1975、1982、1995、1998、2001～2004、2006 和 2008 年的 6、8 月份（图 2-2）。相应的月平均含沙量等值线图表明，两站月平均含沙量下降趋势明显，高值区大部分出现于 4～6 月份，4 月尤其明显（图 2-3）。为进一步探讨逐月的水沙变化趋势，对 1965～2012 年间两站 1～12 月的平均流量和平均含沙量分别做线性拟合分析，结果表明近 50 年来两站水沙在 4、5 和 8 月有明显的下降趋势（图 2-4，图 2-5），其他月份变化不明显。

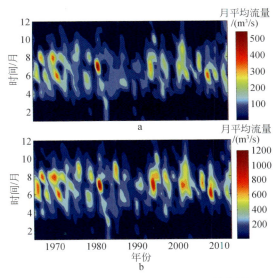

图 2-2　博白站和常乐站月平均流量等值线图

a. 博白站；b. 常乐站

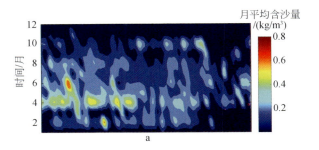

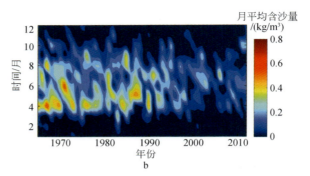

图 2-3　博白站和常乐站月平均含沙量等值线图

a. 博白站；b. 常乐站

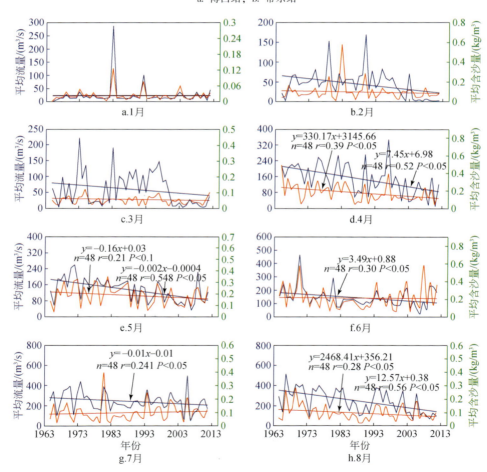

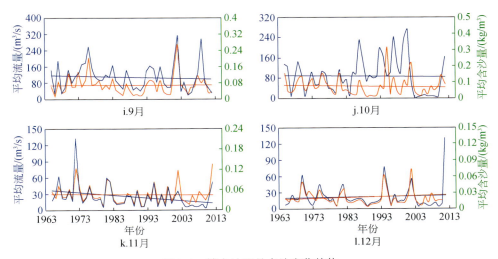

图 2-4　博白站逐月水沙变化趋势

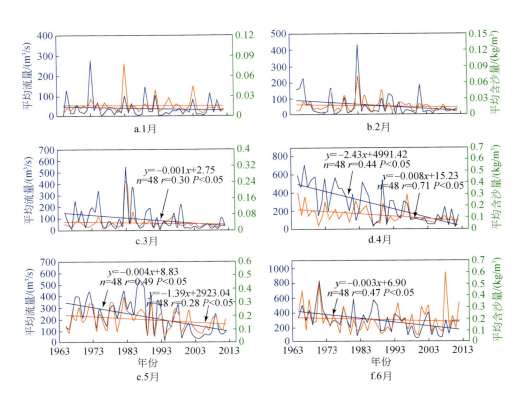

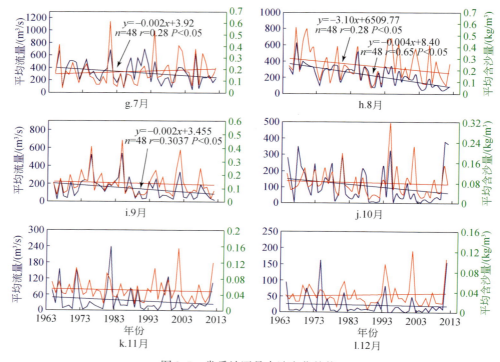

图 2-5　常乐站逐月水沙变化趋势

　　简而言之，南流江上游月平均流量小于同一时期的下游，但月平均含沙量略大于下游。月平均流量最大值在上、下游出现的年月一致，月平均含沙量则并非如此。其中比较典型的月份包括上、下游近 50 年来的最大月平均流量——1981 年 7 月，以及下游最低平均含沙量出现时间——1995 年 12 月，1996 年 10、11、12 月。20 世纪 80 年代及 90 年代初出现月平均流量低值区，月平均含沙量高值区主要集中在 4 月，在 20 世纪 90 年代初以来下降趋势明显。

　　南流江月平均流量和月平均含沙量展示出多尺度的周期性振荡。11 年左右的长周期振荡最为明显（图 2-6），两站平均流量 11 年左右的振荡周期经历了多—少—多—少—多—少的 6 个循环交替，其中 1968～1973、1981～1985、1995～2000 年时段的小波系数为正值，表征该时期的平均流量偏多，而 1975～1980、1987～1992、2004～2007 年时段为负相位，平均流量偏少。同时，两站还存在 4～6 年的短周期振荡，与黄莹等的研究结果一致（黄莹和胡宝清，2015）。两站月平均含沙量的振荡周期与月平均流量类似（图 2-6）。

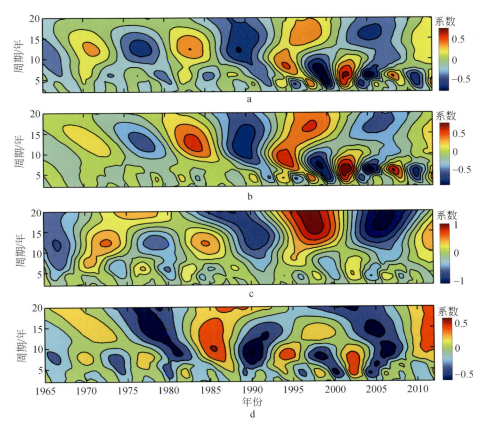

图 2-6 博白站和常乐站水沙小波分析

a. 博白站平均流量；b. 常乐站平均流量；c. 博白站平均含沙量；d. 常乐站平均含沙量

2.1.2 季节性水沙变化特征

从年代际尺度来说，博白、常乐站水沙季节性变化非常明显。对比分析 1965～1969、1970～1979、1980～1989、1990～1999 和 2000～2012 年的月平均流量和月平均含沙量发现，4～9 月变化比 10 月至次年的 3 月更加明显。20

世纪 60 年代和 80 年代，流量高峰值出现在 6 月和 8 月，2 月份出现最低。然而，到 20 世纪 90 年代和 21 世纪初，流量高峰值转移到了 7 月份，月平均流量同期处于减少趋势（图 2-7a、b）。同时，常乐站平均含沙量峰值由出现在 20 世纪 60 年代和 80 年代的 4 月份转移到了 20 世纪 90 年代和 21 世纪初的 7 月份，博白站也有类似变化规律。即南流江上、下游在 20 世纪 90 年代以后，流量峰值由双峰（6、8 月）转为单峰（7 月），含沙量峰值则由早期 4 月转为后期的 7 月。

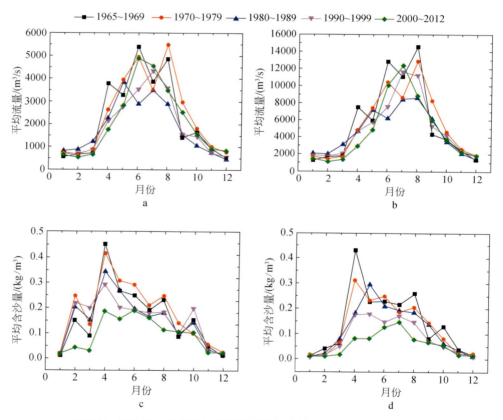

图 2-7　博白站、常乐站年代际月平均径流量和月平均含沙量变化

a. 博白站月平均流量；b. 常乐站月平均流量；c. 博白站月平均含沙量；d. 常乐站月平均含沙量

根据南流江降水洪枯季节性差异，将每年 4 ~ 9 月份划分为夏半年，10 ~ 12 月和 1 ~ 3 月划分为冬半年。统计表明，夏半年平均流量和平均输沙量占绝对优势，常乐站和博白站的夏半年平均流量分别占 77.87% 和 78.76%，夏半年平均输沙量分别占 94.93% 和 90.08%。洪季平均径流量是枯季的 3.5 倍，洪季输沙量是枯季的 18.7 倍（表 2-2）。

表 2-2　1965 ~ 2012 年常乐站和博白站夏、冬半年径流量和输沙量

时间	博白站				常乐站			
	流量 / （m³/s）	百分比/%	输沙量 /×10⁴t	百分比/%	流量 / （m³/s）	百分比/%	输沙量 /×10⁴t	百分比/%
夏半年	110.08	78.76	1744.83	90.08	258.8	77.87	3370.46	94.93
冬半年	29.68	21.24	192.25	9.92	73.56	22.13	179.94	5.07

2.1.3　水沙概率密度分布

水沙概率密度曲线可较好地反映多年尺度内逐日水沙变化的密度分布特征。将博白站和常乐站 1965 ~ 2013 年日平均流量分别分成 9 个和 13 个区间（表 2-3），博白站前两区间（小于 100 m³/s）占总数的 82.36%。其中第 1 区间（1.44 ~ 50 m³/s）均值 21.34 m³/s，占总数的 66.37%，主要集中在 1 ~ 3 月和 10 ~ 12 月（冬半年）。第 2 区间（50 ~ 100 m³/s）占 15.99%，主要分布在 4 ~ 9 月份（夏半年）。最后区间（400 ~ 2670 m³/s）均值 653.47 m³/s，仅占 2.59%。常乐站前两区间（小于 200 m³/s）占总数的 78.01%，其中第 1 区间（5.31 ~ 100 m³/s）均值 51.85 m³/s，占总数的 58.3%。第 2 区间（100 ~ 200 m³/s）均值 142.37 m³/s，占 19.71%。最后一个区间（1200 ~ 4710 m³/s）均值 1845.29 m³/s，仅占 1.34%。常乐站前两个区间的分布情况与博白站类似（表 2-3，图 2-8，图 2-9）。总的来说，两站的日平均流量主要集中在小于 100 m³/s，且集中于冬半年，高值区大多分布在 6、7 和 8 月。

表 2-3　博白站和常乐站日平均流量概率密度分布

序号	博白站			常乐站		
	区间/(m³/s)	平均值/(m³/s)	百分比/%	区间/(m³/s)	平均值/(m³/s)	百分比/%
1	1.44～50	21.34	66.37	5.31～100	51.85	58.30
2	50～100	71.06	15.99	100～200	142.37	19.71
3	100～150	122.51	6.69	200～300	243.42	8.62
4	150～200	173.71	3.42	300～400	345.06	4.50
5	200～250	223.44	2.18	400～500	444.00	2.61
6	250～300	275.42	1.23	500～600	545.06	1.67
7	300～350	324.02	0.87	600～700	648.96	1.04
8	350～400	374.03	0.65	700～800	742.47	0.74
9	400～2670	653.47	2.59	800～900	841.08	0.47
10				900～1000	947.13	0.42
11				1000～1100	1054.75	0.33
12				1100～1200	1151.52	0.26
13				1200～4710	1845.29	1.34

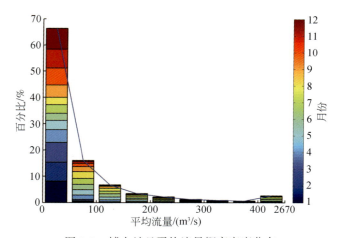

图 2-8　博白站日平均流量概率密度分布

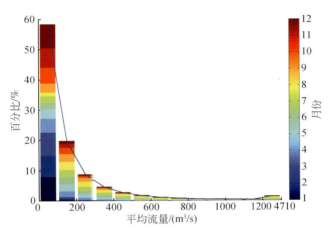

图 2-9　常乐站日平均流量概率密度分布图

相对而言，两站日平均含沙量分布较为均匀。将博白站和常乐站日平均含沙量分别划分成 12 个和 10 个区间（表 2-4）。博白站前 5 个区间（小于 0.025 kg/m³）占 79.68%，其中第 1 区间（0.002 ~ 0.05 kg/m³）均值 0.0203，占 31.94%，主要分布于冬半年，而第 3、4、5 区间主要分布于夏半年。第 12 区间（0.55 ~ 0.7 kg/m³）均值 0.6225 kg/m³，仅占 0.69%。常乐站前 5 个区间（小于 0.025 kg/m³）占 88.36%，其中第 1 区间（0.0001 ~ 0.05 kg/m³）均值 0.0170，占 47.57%。第 10 区间（0.45 ~ 0.548 kg/m³）均值 0.4990 kg/m³，仅占 0.69%（表 2-4，图 2-10，图 2-11）。即两站的日平均含量大部分为 0.05 kg/m³，主要分布在 1 ~ 3 月和 10 ~ 12 月；高值区分布不足 1%，时间分布于 4 月。

表 2-4　博白站和常乐站日平均含沙量概率密度分布

序号	博白站			常乐站		
	区间/（kg/m³）	平均值/（kg/m³）	百分比/%	区间/（kg/m³）	平均值/（kg/m³）	百分比/%
1	0.002 ~ 0.05	0.0203	31.94	0.0001 ~ 0.05	0.0170	47.57
2	0.05 ~ 0.1	0.0781	12.15	0.05 ~ 0.1	0.0733	13.54
3	0.1 ~ 0.15	0.1264	12.15	0.1 ~ 0.15	0.1278	11.11

续表

序号	博白站			常乐站		
	区间/(kg/m³)	平均值/(kg/m³)	百分比/%	区间/(kg/m³)	平均值/(kg/m³)	百分比/%
4	0.15~0.2	0.1766	13.54	0.15~0.2	0.1781	8.85
5	0.2~0.25	0.2243	9.90	0.2~0.25	0.2279	7.29
6	0.25~0.3	0.2746	9.38	0.25~0.3	0.2748	3.65
7	0.3~0.35	0.3252	4.51	0.3~0.35	0.3263	2.60
8	0.35~0.4	0.3739	2.78	0.35~0.4	0.3706	2.43
9	0.4~0.45	0.4239	1.22	0.4~0.45	0.4283	1.39
10	0.45~0.5	0.4707	1.04	0.45~0.548	0.4990	0.69
11	0.5~0.55	0.5215	0.69			
12	0.55~0.7	0.6225	0.69			

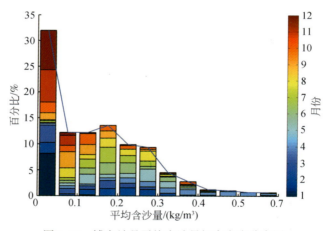

图 2-10　博白站月平均含沙量概率密度分布图

　　将平均流量和平均含沙量划分若干区间，分析各区间 1～12 月的分布特征，对理解河流水沙量的密集分布程度及其洪枯季分布状况具有重要意义。综上所述，南流江的日平均流量偏小且分布集中，上游超过 60% 的时间日流量平均小于 50 m³/s，不到最大流量的 2%；下游则超过 50% 的时间日流量小于 100 m³/s，是最大流量的 2% 左右。日平均含沙量偏小，上游超过 30% 的

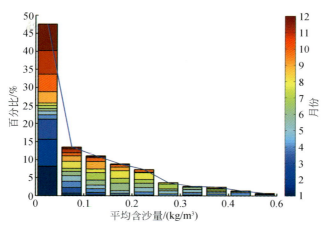

图 2-11　常乐站月平均含沙量概率密度分布图

时间小于 0.05 kg/m³，下游超过 45% 的时间的含沙量小于 0.05 kg/m³。上、下游水沙低值区主要分布在冬半年（1~3 月，10~12 月），高值区则分布在 4~9 月，即夏季水沙通量高，冬季水沙通量低。相对而言，南流江平均含沙量的年内分布较平均流量均匀。

2.2　水沙年变化特征

图 2-12 显示，南流江二、下游年平均流量变化呈弱减小趋势，年平均含沙量呈明显下降趋势。1985~1993 年之间的年平均流量是明显的低值年份，1971、1981、1994、2002 和 2006 年是高值年份（图 2-12）。博白站最大年平均流量出现在 1970 年，为 117.09 m³/s，仅是常乐站最大年平均流量 2002 年 279.18 m³/s 的 42%。常乐站的极小值 62.29 m³/s（1989 年）是博白站 28.15 m³/s（1989 年）的 2 倍还多。博白站年平均含沙量较常乐站高，两者年平均含沙量极大值分别是 0.4222 kg/m³（1971 年）和 0.3062 kg/m³（1967 年），极小值分别是 0.0641 kg/m³（2007 年）和 0.1019 kg/m³（2010 年）（图 2-12，表 2-5）。

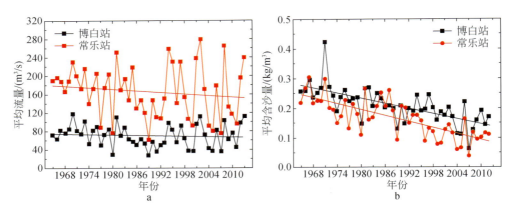

图 2-12　博白站和常乐站年平均流量和平均含沙量变化

a. 平均流量；b. 平均含沙量

表 2-5　博白站和常乐站年平均流量与年平均含沙量极值

项目		博白站	常乐站
年平均流量/（m³/s）	最大值	117.09	279.18
	出现年月	1970 年	2002 年
	最小值	28.15	62.29
	出现年月	1989 年	1989 年
年平均含沙量/（kg/m³）	最大值	0.4222	0.3062
	出现年月	1971 年	1967 年
	最小值	0.0641	0.0406
	出现年月	2007 年	2007 年

　　变异系数（Cv）分析用于表示时间序列变量的离散程度，Cv 值越大，离散程度越高。博白站和常乐站年平均流量的 Cv 分析结果表明，两站的 Cv 值总体呈下降趋势，但波动幅度有所不同（图 2-13）。博白站年平均径流 Cv 值在 1.11～2.51 间波动，相对 1.07～2.13 间波动的常乐站波动幅度较大。常乐站年平均流量的 Cv 在 1966、1967、1976、1977、1991、2006 年相对较高，博白站是 1966、1971、1991 年，说明这些年份平均流量年内差异最大。

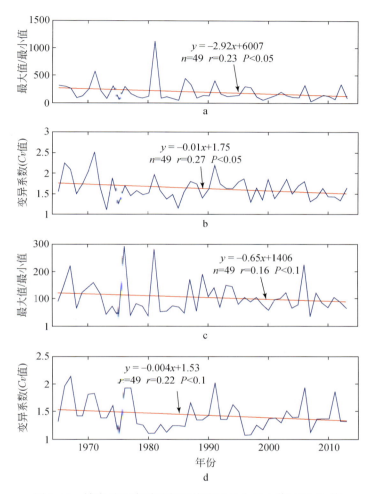

图 2-13　博白站和常乐站年平均流量最大最小值比和 Cv 值

a. 博白站最大最小值比；b. 博白站 Cv 值；c. 常乐站最大最小值比；d. 常乐站 Cv 值

图 2-14 中可以看出，年代际尺度上南流江平均流量呈不明显下降趋势，博白站和常乐站分别稳定在 26100 m^3/s 和 61000 m^3/s（表 2-6，图 2-14）。平均含沙量呈现明显的下降趋势，博白站平均含沙量从 1965～1969 年的 0.26 kg/ m^3 下降到 2000～2012 年的 0.15 kg/m^3，常乐站则从 1965～1969 年的 0.25 kg/m^3 到 2000～2012 年的 0.11 kg/m^3（表 2-6，图 2-14）。

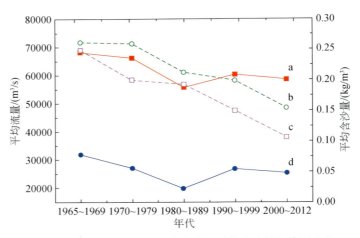

图 2-14　博白站和常乐站平均流量和平均含沙量年代际变化

a. 常乐站平均流量；b. 博白站平均含沙量；c. 常乐站平均含沙量；d. 博白站平均流量

表 2-6　博白站和常乐站平均流量和含沙量年代际变化

年代	博白站		常乐站	
	平均流量/(m^3/s)	平均含沙量/(kg/m^3)	平均流量/(m^3/s)	平均含沙量/(kg/m^3)
1965 ~ 1969	31828.14	0.26	68255.48	0.25
1970 ~ 1979	27019.7	0.26	66075.93	0.2
1980 ~ 1989	19832.09	0.21	55616.79	0.19
1990 ~ 1999	26732.38	0.2	60170.85	0.15
2000 ~ 2012	25343.72	0.15	58561.78	0.11

　　具体来说，博白站和常乐站的平均流量变化趋势基本一致，均为"高—低—次高"变化。就变化的同步性而言，1965~1969 年至 1980~1989 年间水沙变化同步下降，其他时段平均流量升高时平均含沙量降低，1980~1989 年尤为明显。无论哪个时段上游博白站的年平均流量均比下游常乐站少 35000 m^3/s 左右。造成 20 世纪 80 年代以后流量变化不大，含沙量却急剧下降的原因，可能与采砂、建坝修堤等人类活动有关。

　　采用蒙-肯德尔法（M-K）分别对博白站和常乐站的年平均流量和年平均含沙量进行突变检验分析。结果显示，博白站年平均流量 UF 和 UB 曲线交点出现在 1975 年与 1976 年之间，常乐站出现在 1974 年和 1979 年（图 2-15）。

这表明,博白站突变年份为 1975 年左右, 常乐站年平均流量突变年份为 1974 年和 1979 年。两站年平均含沙量的 M-K 突变分析结果并不明显（图 2-16）, UF 和 UB 曲线交点在±1.96 置信度之外。同时, 本书进一步采用标准正态检验（standard normal homogeneity test, SNHT）方法对南流江两站年平均含沙量进行突变检验, 结果显示常乐站年平均含沙量突变年为 1995 年, 博白站则为 1985 年。因此认为南流江年平均流量和年平均含沙量在 1974 年和 1995 年左右发生突变。

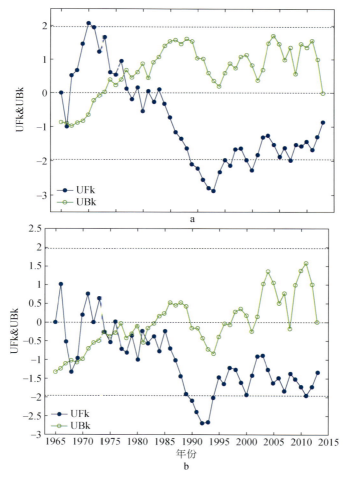

图 2-15　博白站和常乐站年平均流量 M-K 突变检验

a. 博白站；b. 常乐站

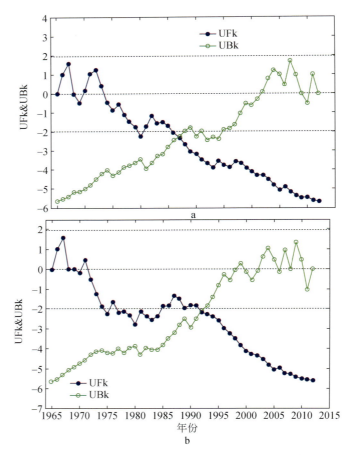

图 2-16　博白站和常乐站年平均含沙量 M-K 突变检验

a. 博白站；b. 常乐站

据史料记载，20 世纪 60 年代广西毁林开荒现象严重，1972 年广西遭遇严重旱灾。1996 年，广西气候较为干旱。另有研究表明，南流江上游玉林市 90 年代后期到 21 世纪初是干旱期（林宝亭等，2012），1996 年钦州降水量比往年少，冬旱严重（周玲萍和黄雪松，1997）。此外，1993 年国家出台《国务院关于加强水土保持工作的通知》，1996 年左右广西大面积植树造林、流域治理和水土保持等工程相继开展。因此，1972 年和 1996 年成为南流江水沙变化的重要转折点。同时，鉴于南流江径流量和输沙量（相关分析的置信度达到 99% 水平，图 2-17）以及降水量与输沙量（后面章节将会详细分析）的高度相关性，分别做了常乐站年输沙量与年降水量、年输沙量和年径流量变化的累积曲线（图 2-18，图 2-19）。因此，根据累积曲线中水沙通量变化的一致性，结合以上 M-K 突变分析结果，以 1972 年和 1996 年为界将南流江水

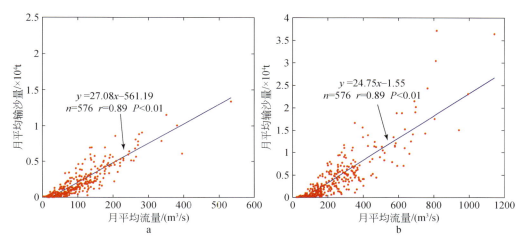

图 2-17　月平均流量与月平均输沙量的关系

a. 博白站；b. 常乐站

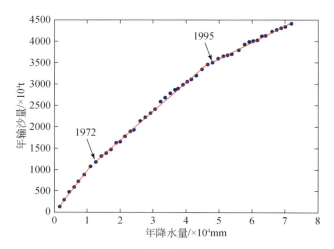

图 2-18　常乐站年输沙量与年降水量双累积曲线

沙变化分为三个阶段：第一阶段 1965~1971 年，年平均输沙量 154.76×10⁴ t，第二阶段 1972~1995 年，年平均输沙量 99.31×10⁴ t，第三阶段是 1996~2012 年，年平均输沙量 57.19×10⁴ t。第一阶段到第三阶段年平均输沙量下降趋势明显，第三阶段仅是第一阶段的 38.32%（图 2-20），流域采砂等剧烈人类活动可能是造成第三阶段河流输沙量进一步减少的重要原因。

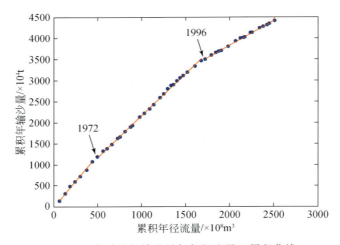

图 2-19　常乐站年输沙量与年径流量双累积曲线

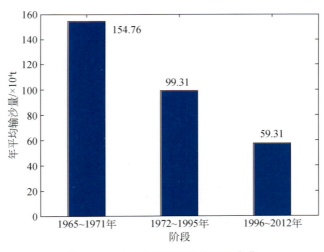

图 2-20　三个阶段年平均输沙量变化

2.3　流量–泥沙比率曲线变化

河流流量–泥沙的比率曲线可表征某个特定时期的流量–泥沙变化关系（Walling，1981）。本节进一步从南流江月、年尺度的流量–泥沙比率关系变化分析南流江水文变化过程。

2.3.1　月流量–泥沙比率曲线

流量–泥沙关系曲线体现了不同的水沙时空变化（图 2-21a，图 2-21b）。上游博白站 1965～1989 年的平均含沙量在 1 月到 4 月处于增加趋势，其中峰值出现在 4 月，之后 4～8 月则快速波动。然而，从 8～12 月，平均含沙量逐渐减少到最小（图 2-21a）。整个流量–泥沙比率曲线所围成面积呈现顺时针不规则菱形，与长江流量–泥沙比率曲线展现的逆时针相反（Dai et al.，2016）。在 1990～2012 年期间，流量–泥沙比率曲线的峰值明显减小，较低的峰值出现在 6 月。整个曲线外观变得相对狭窄，相对 1965～1989 年，曲线所围面积明显变小（图 2-21a），表明流量–含沙量曲线的滞后性变小，两者的变化速率更同步。这可能与近期人类活动强度不断加强有关。

与上游的博白站比较，下游的常乐站流量–泥沙比率曲线变化相对平缓（图 2-21b），但曲线的变化模式很相似。从 1965～1969 年到 2000～2012 年，曲线的峰值 4 月后迅速下降，对于像南流江这样的山区型河流，底沙是平均

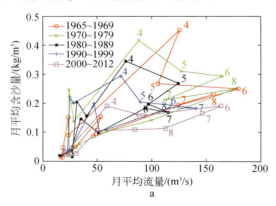

a

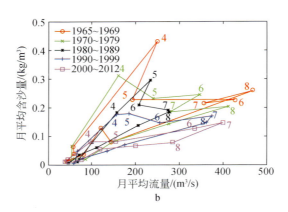

图2-21 博白站和常乐站年代际月平均流量和月平均含沙量比率曲线

a. 博白站；b. 常乐站

含沙量的主要来源，尤其是在上游。随着水流入下游，含沙量变得更加重要，并对下游河段贡献更大，这是造成上下游流量–泥沙比率曲线差异的可能原因。简言之，南流江月平均含沙量峰值滞后于流量变化，月流量–泥沙比率曲线所围成面积呈顺时针不规则菱形，即水沙峰值呈现顺时针的"先沙后水"特征，与长江流量–泥沙的逆时针"先水后沙"相反。但近期曲线外观逐渐变得狭窄，表明峰值滞后性在变小，水沙变化速率趋于更同步。这主要是因为每年的4月份开始平均流量逐渐增大，挟持泥沙能力增强，上游和支流带来渐多泥沙的同时，河床底沙细粒被启动，平均含沙量突然增加至全年平均最高值。而同年6月和8月即使有最大的径流，因泥沙不足致使平均含沙量不升反降。

2.3.2 年际尺度年流量–泥沙比率曲线

将1965～2012年划分为五个年代：1965～1969（1960s）、1970～1979（1970s）、1980～1989（1980s）、1990～1999（1990s）和2000～2012（2000s），分别就南流江流量–泥沙数据做幂指数函数曲线，结果除了上游博白站的1960s和下游常乐站的1990s，其他曲线都有较好的相关性（表2-7）。

表 2-7 博白站和常乐站年代际流量–泥沙比率曲线变化

年代	关系式	
	博白站	常乐站
1965 ~ 2012	$y = 0.0254x^{0.4953}$ ($R^2 = 0.3452$)	$y = 0.0042x^{0.7156}$ ($R^2 = 0.3722$)
1965 ~ 1969	$y = 0.1362x^{0.1502}$ ($R^2 = 0.0399$)	$y = 0.0011x^{1.0409}$ ($R^2 = 0.1956$)
1970 ~ 1979	$y = 0.0611x^{0.3265}$ ($R^2 = 0.1762$)	$y = 0.008x^{0.6183}$ ($R^2 = 0.5728$)
1980 ~ 1989	$y = 0.0295x^{0.4832}$ ($R^2 = 0.753$)	$y = 0.0065x^{0.6752}$ ($R^2 = 0.7061$)
1990 ~ 1999	$y = 0.0354x^{0.4191}$ ($R^2 = 0.7759$)	$y = 0.0434x^{0.2364}$ ($R^2 = 0.0562$)
2000 ~ 2012	$y = 0.0226x^{0.4561}$ ($R^2 = 0.3483$)	$y = 0.0037x^{0.6613}$ ($R^2 = 0.6293$)

就幂指数参数而言，上游博白站在 0.15 ~ 0.49 之间，且随着时间逐渐增大，表征进入博白站的泥沙量一直在减少。下游常乐站的幂指数参数则在 0.23 ~ 1.04 之间，表现出随时间波动下降的趋势，即 1960s ~ 1970s 下降、1970s ~ 1980s 上升、1980s ~ 1990s 下降、1990s ~ 2000s 上升，这表明进入下游（常乐站）的泥沙有年代际波动的特征（图 2-22）。可见，从某种程度上说明中游及下游各种因素的作用对常乐站的泥沙影响很大。

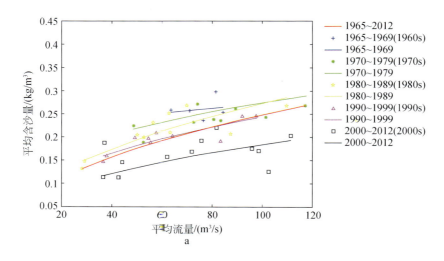

a

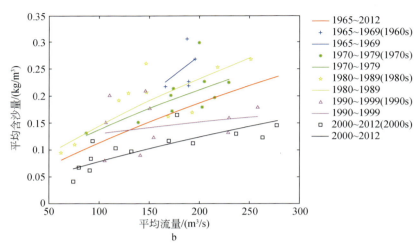

图 2-22 博白站和常乐站年代际流量–泥沙比率曲线

a. 博白站；b. 常乐站

就斜率而言，上游各年代差异不大，1960s 最小，1980s 最大（图 2-22a），即 20 世纪 60 年代泥沙随流量变化速率最小，20 世纪 80 年代则最大，可能原因是此时期水土流失严重，导致进入河流泥沙增多，泥沙随流量增加而增加的速度加快。然而实测资料显示 20 世纪 80 年代的水沙都呈下降趋势（图 2-12），估计是其他更重要的因素在影响水沙的变化过程。下游除了斜率最小的 1990s，其他年代大同小异，其中 1960s 最大（图 2-22b）。这意味着 1960s 南流江下游水沙变化速率比上游要快很多，1990s 则是下游变化速率最小的时期。上游年代际流量–泥沙比率曲线斜率总体均比下游小，说明下游变化速率比上游大。

从挟沙能力（同一流量对应的含沙量）来看，南流江上游随时间逐渐变小，即 1960s 最大，而 2000s 最小（图 2-22a）。这表明自 20 世纪 60 年代至今，同流量下携带泥沙水平逐渐降低，其中 1990s～2000s 降幅最大，可能与这个时期水土保持、修建河堤和采砂等人类活动引起入河泥沙减少有关。下游情况与上游基本一致，不同的是下游 1980s 要比 1970s 大（图 2-22b），可能跟该时期引起水沙变化的自然因素和人类活动的博弈有关。虽然 1970s 平均降水量要比 1980s 大，1970s 同流量下挟沙能力应该更强。但常乐站属于下游，人类活动作用显然比上游博白站要强很多，自然因素则处于相对较弱地位，因此从比率曲线上看，同流量下的挟沙能力 1980s 大于 1970s。

以上年代际流量–泥沙比率曲线分析表明，南流江上、下游同流量下挟沙能力呈下降趋势，下游受各种控制因素影响更大，导致其水沙变化速率较大。

综上所述，通过对比分析南流江上、下游月、年等不同时间尺度入海流量–泥沙比率曲线，发现由于气候变化和人类活动等因素，河流不同时期不同区域入海流量–泥沙比率曲线是动态变化的。同时也给我们启示，现今常用根据流量–泥沙比率曲线拟合所获得的水沙数据，因使用的流量–泥沙比率曲线恒定不变，而实际上二者关系是动态变化的，这就导致实际泥沙含量很可能低于或高于所公布值。

2.4　小　　结

河流水文变化是陆海相互作用的重要纽带，对陆海物质循环、物质迁移、河床及河口地貌的演变产生重要影响。南流江是位于南亚热带地区的北部湾北部最大的独流入海河流，研究其水沙过程对认识我国西南地区河流水沙变化特征的意义不言而喻。对南流江近 50 年水沙变化研究结果表明：

（1）南流江 1965～2013 年以夏半年的平均流量和输沙量占优，占比分别高达 70% 和 90%；年平均流量和年平均含沙量变化均呈下降趋势，后者下降尤其明显；水沙季节变化明显；此外，水沙还具有 4～6 年和 11 年的长周期变化特征。

（2）M-K 突变检验和双累积曲线分析结果显示，南流江水沙通量变化可分为三个阶段：第一阶段 1965～1971 年，第二阶段 1972～1995 年，第三阶段是 1996～2012 年，1972 年和 1996 年成为三个阶段的转折点。南流江水沙概率密度分布特征为：日平均流量大部分小于 100 m^3/s，月平均含沙量大部分小于 0.05 kg/m^3；水沙低值区主要分布在冬半年（1～3 月，10～12 月），高值区则主要分布在 4～9 月。

（3）月流量−泥沙比率曲线分析结果显示，1965～1989 年南流江上游的流量−泥沙比率曲线所围面积呈不规则菱形，水沙峰值呈现顺时针"先沙后水"的变化规律。而在 1990～2012 年，形状变得相对狭窄，所围面积明显变小，表明峰值滞后性在变小，水沙变化速率趋于更同步。下游月流量−泥沙比率曲线变化相对温和。年代际流量−泥沙比率曲线分析表明，南流江上、下游同流量下挟沙能力基本呈下降趋势，下游受各种控制因素影响更大，导致其水沙变化速率较大。

第3章 气候变化对南流江水文过程的影响

河流入海水沙通量变化的影响因素呈现多元化和复杂化，其中气候变化是最重要的关键因素（Walling and Fang，2003；Chakrapani，2005；Milliman，2011）。本章将从气温、降水量等自然因素分析影响南流江入海水沙变化的因素。

3.1 气温与降水量

气候变化一般指长时期内气候状态的变化，其对全球生态环境和人类的影响以及人类对气候变化的适应受到学者们普遍关注（Hel，2016）。根据2017年1月公布的2016年《中国气候公报》，受超强厄尔尼诺影响，我国极端天气气候事件多，暴雨洪涝和台风灾害重。2016年全国平均气温较常年偏高0.81℃，为历史第三高，年降水资源总量68888×10^8 m^3，为1961年以来最多。气候变化已成为影响河流水沙通量变化的重要因素（Dai et al.，2011a，2014），敏感的气候因子主要有气温、降水和热带气旋。南流江流域位于南亚热带季风性气候区，是气候变化敏感响应区之一。本节拟从气温和降水量两方面阐述气候变化对南流江水沙通量变化的影响，热带气旋则在下一节重点阐述。

3.1.1 气温

联合国政府间气候变化专门委员会（Intergovernmental Panel on Climate Change，IPCC）第五次评估报告中提到，大量观测事实表明1983~2012年间每10年地表温度的增加幅度高于1850年以来的任何时期，而北半球在这期间可能是1400年以来最暖的30年。葛全胜等研究表明，20世纪亚洲进入快速增暖时期（葛全胜，2015）。我国《第三次气候变化国家评估报告》显示，1909 年以来中国的变暖速率高于全球平均值，每百年升温 0.9 ~ 1.5 ℃。

近 50 年来南流江流域平均气温的变化与全球平均气温的变化基本一致。流域气温整体呈明显上升趋势，线性拟合结果通过 95% 的置信度检验（图 3-1）。变化过程可大致划分为三个阶段：①平稳阶段，1965 ~ 1984 年；②上升阶段，1985 ~ 2002 年；③下降阶段，2003 ~ 2013 年（图 3-1）。具体而言，1965 ~ 2013 年，南流江流域最高年平均温度和最低年平均温度分别为 23.2 ℃和 21.3 ℃，分别出现在 2003 年和 1967、1976、1984 年，与水沙变化较为一致，如 1967 年和 2003 年分别是常乐站平均含沙量和平均流量最大的时间。说明气温的升高很可能导致土壤水分丧失引发土壤固结能力减弱，从而在随后的降雨形成的汇流作用下，把更干旱的地表土壤带入河流。

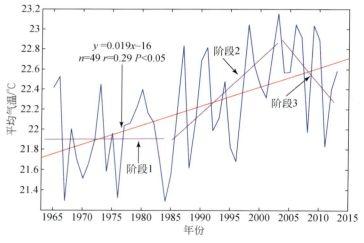

图 3-1　1965 ~ 2013 年年平均气温变化及阶段划分

南流江流域月平均气温最高为 29.7 ℃，出现在 2010 年 7 月；最低为 8.9 ℃，出现在 1968 年 2 月。图 3-2 中显示，平均气温较高区域集中分布于 6 ~ 8 月。1965 ~ 2013 年间平均气温超过 28 ℃的月份有 105 个，占总数的 17.86%；平均气温超过 29 ℃的月份有 13 个，占总数的 2.2%，其中 7 月的有 9 个，8 月有 4 个（表 3-1），与之前分析的月平均流量最大值均出现在 7

月的结论一致（表2-1）。对南流江流域月平均气温进行小波分析，结果表明
1985 年后存在明显的 5 年短周期，而 1985 年之前存在大约 8 年的周期变化
（图3-3），这与河流水沙通量变化的振荡周期基本一致（图2-6）。

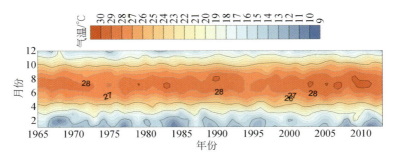

图 3-2　月平均气温等值线图

表 3-1　月平均气温超过 29 ℃的月份

月平均气温/℃	29.7	29.6	29.5	29.5	29.4	29.3	29.3	29.2	29.1	29.1
月份	7	7	7	8	7	8	7	7	8	7
年份	2010	2003	1983，2007	1990	1979	2009	2005	1967，1993	1992，1998	2011

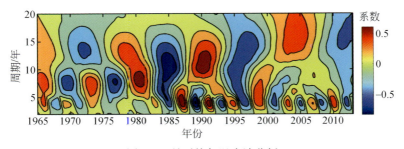

图 3-3　月平均气温小波分析

　　综上所述，近50年来南流江流域平均气温的变化趋势与我国及全球是一
致的。南流江流域有近20%的月份平均气温超过28 ℃，月平均气温总体呈明
显上升趋势。气温通过改变区域土壤，并影响降水量的分配和变化，由此导
致河流的水沙出现变化。上述研究表明，月平均气温的振荡周期与流域水沙

通量变化较为一致，月平均气温变化与水沙变化（常乐站）显著正相关，通过99%的置信度检验（图3-4）。同时，张德禹等也认为气温的升高可能导致一次性产生的地表径流量增大，输沙量增大（张德禹等，2009），因此南流江流域月平均气温的增加在某种程度上可能加剧土壤侵蚀程度。然而，气温升高并没有导致河流平均流量和平均含沙量的相应增加。这说明除了气温敏感因子，还存在其他因素影响流域来水来沙的变化。

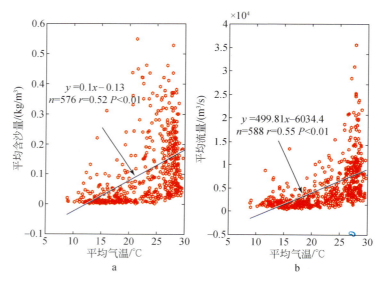

图3-4 月平均气温与月平均流量、月平均含沙量的相关性

a. 平均气温与平均含沙量的关系；b. 平均气温与平均流量的关系

3.1.2 降水量

从大气降落到地面的雨水，未经蒸发、渗透、流失而在水面上积累的水层深度成为降水量（周淑贞，2007），它是气候变化的重要影响因子之一。在自然情况下随时间变化的降水量在一定程度上可以反映当地的气候变化，且对河流流量和含沙量的变化产生重要影响。本研究收集南流江流量1965～2013年间的平均降水量数据，分析其变化规律及其与水沙通量变化的关系。

　　研究表明，南流江年平均降水量大体呈不明显下降趋势（图 3-5）。最大年平均降水量 2060.4 mm，出现在 2001 年，超过 1900 mm 的还有 1981、2002 和 2008 年，而历史最低的年平均降水量 945.5 mm 则发生在 1989 年（图 3-5）。这与河流流量和含沙量的变化趋势相吻合（图 2-12），如 1989 年博白站和常乐站的历史最低降水量对应最低平均流量。

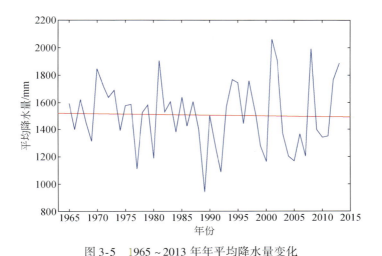

图 3-5　1965～2013 年年平均降水量变化

　　流域月平均降水量峰值主要集中在 4～9 月，最高值 6944.5 mm 出现在 1981 年 7 月，超过 6000 mm 的月份有 7 个，主要集中在 7～8 月（表 3-2）。1971 和 1980 年的 11 月月平均降水量为 0 mm。根据月平均降水量的等值线图（图 3-6），南流江洪季是从 4 月到 9 月，枯季是从 10 月到次年 3 月，这和此前分析的水沙变化的洪枯季节划分一致。

表 3-2　月平均降水量超过 6000 mm 的月份

月平均降水量/mm	6300	6945	6447	6889	6293	6149	6531
月份	8	7	8	7	7	7	6
年份	1967	1981	1985	1994	2001	2004	2008

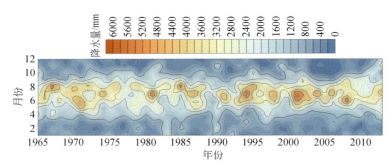

图 3-6　月平均降水量等值线图

此外，我们采用小波方法分析月平均降水量的振荡周期，发现南流江流域月平均降水量存在 4 ~ 6 年和 11 年的变化周期（图 3-7），与流量和含沙量的变化周期基本吻合（图 2-6）。

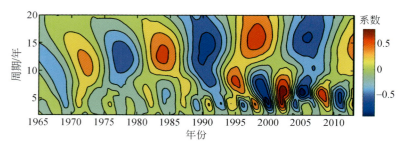

图 3-7　月平均降水量小波分析

常乐站月平均流量和月平均含沙量与流域月平均降水量的相关性分析结具显示，两者都通过了 99% 的置信度检验，流域月平均降水量与典型站点的水沙变化存在显著正相关（图 3-8），说明降水量在一定程度上控制着南流江流量和含沙量的变化。

已有研究表明，ENSO（El Niño-Southern Oscillation，厄尔尼诺−南方涛动）和季风决定世界各地的流域降水，进而影响河流特征（Kiem and Franks，2001；Xue et al.，2011；Misir et al.，2013；Wei et al.，2014）。南流江平均流量和平均含沙量各自与厄尔尼诺现象和拉尼娜现象关联性不大（图 3-9），但与南亚季风的相关性较好（图 3-10）。南亚季风指数和南流江博白站和常乐站的平均流量呈正相关（$P<0.1$），表征南流江平均流量对南亚季风的敏感性较强。

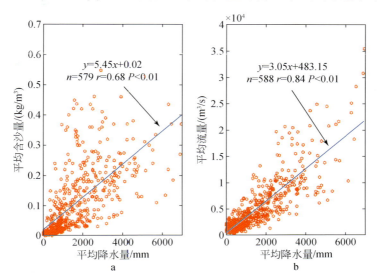

图 3-8　月平均降水量与月平均流量、月平均含沙量的相关性

a. 平均降水量与平均含沙量的关系；b. 平均降水量与平均流量的关系

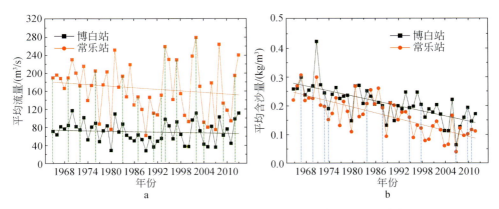

图 3-9　平均流量和平均含沙量与厄尔尼诺现象和拉尼娜事件

a. 平均流量与厄尔尼诺现象；b. 平均含沙量与拉尼娜事件

　　综上，南流江流域平均降水量的变化趋势、峰值分布和周期等特征都与之前分析的南流江水沙通量变化特征相吻合。同时，降水量与南亚季风有较好正相关。因此，降水量是南流江水沙通量变化的重要驱动因素之一。

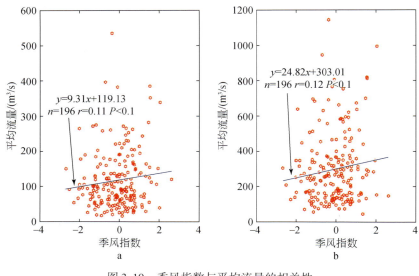

图 3-10　季风指数与平均流量的相关性

a. 博白站；b. 常乐站

3.2　热 带 气 旋

热带气旋是热带海洋大气中形成的中心高温低压的强烈涡旋的统称（张庆红和郭春蕊，2008），具有破坏力大、突发性强等特点，也是气候变化敏感因素之一。受气候变暖和海平面上升的影响，在过去的 30 年，全球热带气旋虽在频率上变化不大，但其持续的时间和所释放的能量却增加了 50% 以上，破坏性更大（Emanuel，2005；Webster et al.，2005）。我国是世界上热带气旋登陆最多的国家之一，平均每年登陆我国的热带气旋有 7 ~ 8 个（陈联寿等，2004；张振克和丁海燕，2004；程正泉等，2007）。预计到 2050 年左右，年均登陆我国的热带气旋频次将可能平均增多 1 ~ 2 个（杨桂山，2000）。毋庸置疑，这些逐年增多的热带气旋对沿海河流特别是山区型中小河流的影响很大，它可以在短时间内影响流域的来水来沙。然而，目前对热带气旋的研究主要集中在路径、强度及对沿海地区经济社会影响的评价等方面（徐常三等，

2007；Liu and Zhang, 2012；曹智露等, 2013；Choi et al. , 2013；田方兴和周天军等, 2013）。曾令锋（1996）、吴兴国（1998）、陈润珍等（2005）、李艳兰等（2009）、陈波（2014, 2015）和黄鹄等（2015）等对广西北部湾地区过境热带气旋的风暴、暴雨灾害响应做了探索和研究。Darby 等对湄公河悬移质泥沙量与热带气旋的关系研究结果认为，热带气旋对输沙量的控制、变化和传输起关键作用。他们估算，在 1981 ~ 2005 年进入湄公河三角洲的悬移质泥沙减少了（52.6±10.2）× 10^6 t，其中的（33±7.1）× 10^6 t 是由热带气旋引起的，即热带气旋的贡献率超过 60%（Darby et al. , 2016），但关于北部湾独流入海河流水沙通量变化对热带气旋的响应研究却鲜有关注。因此，本节在收集和分析影响南流江流域的热带气旋路径、中心气压和风速数据的基础上，探讨热带气旋与水沙通量变化的关联性，进而估算热带气旋的泥沙贡献率。

3.2.1　时空分布特征

一般认为热带气旋中心进入 19°N 以北、112°E 以西，则对广西沿海地区有不同程度的影响（温克刚, 2007）。在参考前人的研究成果基础上，界定台风中心进入 19°N ~ 25°N 与 106°E ~ 112°E 区域的热带气旋为影响南流江流域区热带气旋。

基于上海台风研究所的热带气旋数据，本书统计 1949 ~ 2012 年影响南流江流域的热带气旋共 305 个，平均每年 4.8 个。从年际变化来看，60 多年来每年影响南流江流域热带气旋数量呈弱下降趋势（图 3-11a）。这与南流江近 50 年来的水沙通量变化总体减少的趋势一致（图 2-12）。年代际平均热带气旋数量在减少，从 1949 ~ 1959 年的 5.4 个下降到 2000 ~ 2012 年的 3.7 个。具体来说，1949 ~ 1989 的年代际变化呈缓慢下降趋势，1990 ~ 1999 年则有上升势头，到了 2000 ~ 2012 年出现明显下降，"下降—上升—再上升"的变化趋势（图 3-11b），与南流江水沙通量年代际变化基本吻合（图 2-14）。图 3-12c 主要反映了影响南流江流域热带气旋的季节变化状态，7、8、9 月占发生热带气旋总数的 63.28%，其中 8 月份占 26.89%，为热带气旋影响南流江流域最频繁的月份。这与前面章节中分析的南流江平均流量最高值出现在 7、8 月份也是一致的（图 2-12）。热带气旋将通过影响流域降水量来影响水沙的年、月、日变化。年热带气旋数量与年平均流量变化吻合度较高（图 3-12），热带气旋影响个数多的年份年平均流量大，反之则小。因此认为，热带气旋的时空分布与南流江水沙通量变化具有较高一致性，说明热带气旋是南流江水沙变化的重要影响因素之一。

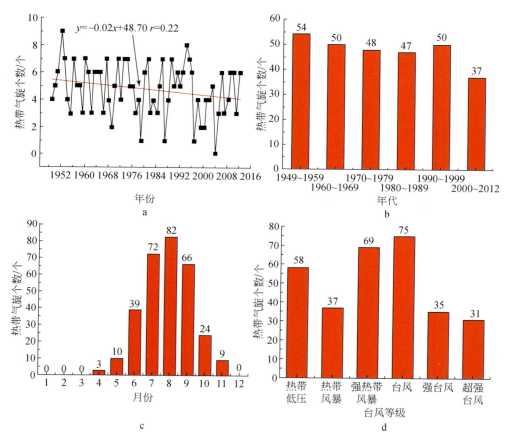

图 3-11　影响南流江流域热带气旋时空变化

a. 年际变化；b. 年代际变化；c. 月变化；d. 各等级热带气旋分布

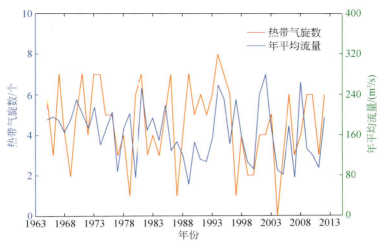

图 3-12 年均热带气旋数与常乐站年平均流量

3.2.2 气旋强弱与水沙通量变化的耦合机制

根据 2006 年中国气象局发布的修订后的国家标准《热带气旋等级》,热带气旋可划分为热带低压、热带风暴、强热带风暴、台风、强台风及超强台风六个等级。一般将前三类归为弱台风,后三类归为强台风。

据统计,60 多年来影响南流江流域热带气旋数量最多的热带气旋类型是台风(75 个)和强热带风暴(69 个),分别占总数的 24.59% 和 22.62%(图 3-11d)。这两者在 1970~1979 年和 1980~1989 年的比例都高于其他年代(表 3-3),但这两个年代的水沙通量变化都呈现下降趋势,这从某种程度上说明人类活动对水沙通量变化的影响很大。

表 3-3　影响南流江流域的热带气旋类型及其所占比例　　(单位:%)

年代	弱台风			强台风		
	热带低压	热带风暴	强热带风暴	台风	强台风	超强台风
1949~1959	32.14	19.64	12.50	10.71	16.07	8.93
1960~1969	24.24	12.12	9.09	15.15	15.15	24.24
1970~1979	10.94	12.50	17.19	29.69	18.75	10.94

续表

年代	弱台风			强台风		
	热带低压	热带风暴	强热带风暴	台风	强台风	超强台风
1980~1989	12.68	15.49	23.94	12.68	19.72	15.49
1990~1999	21.88	21.88	12.50	15.63	15.63	12.50
2000~2012	16.67	30.00	20.00	10.00	16.67	6.67
1949~2012	19.02	12.13	22.62	24.59	11.48	10.16

3.2.3 气旋路径变化对水沙通量的影响

影响南流江流域的热带气旋主要有西太平洋热带气旋和南海热带气旋，以前者为主，后者所占比例甚微。根据对 305 个热带气旋的路径统计分析，影响南流江流域的热带气旋的主要路径有三种：西北向、北向和西向。

为了研究热带气旋路径的振荡周期，选择每个年代气旋路径的核心部分按 0.5 个经度进行平均化处理，得到该年代气旋的平均路径（图 3-13）。结果显示 1949~1959 年斜率最大，路径最偏北，1960~1969 年和 2000~2012 年最小，路径最偏南（图 3-13a），1970~1979 年较 1960~1969 年偏北，1970~

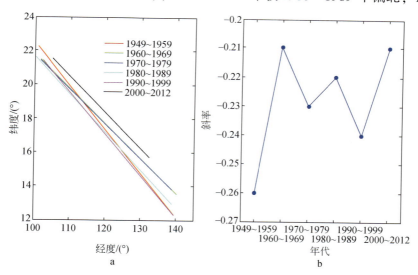

图 3-13 年代际热带气旋平均路径及其斜率

a. 平均路径；b. 平均路径的斜率

1979 年相对 1980～1989 年又向南摆动，1980～1989 年较 1990～1999 年偏北，1990～1999 年相对 1980～1989 年则又南摆。即 60 多年来南流江流域热带气旋存在一定的振荡规律（图 3-13b）。这与南流江年代际平均流量和平均含沙量的振荡性是比较一致的（图 2-14），如 1960～1980 年平均流量先是下降，1990～1999 年再上升，之后又略有下降的摆动规律。

3.2.4　气压、风速变化对水沙通量的影响

中心气压和风速是表征热带气旋强度的基本要素。收集和整理 60 多年来影响南流江流域热带气旋的气压和风速数据，计算每年相关热带气旋的从生成到消亡过程中每隔 6 小时的气压和风速平均值和极大值（同年有多个热带气旋，则取多个气旋平均值作为该年的值）。统计结果表明平均气压、平均风速、最大气压和最大风速变化趋势均未通过显著性检验，但仍可发现除了平均风速有不明显上升趋势外（图 3-14c），后三者都呈不明显下降趋势（图 3-

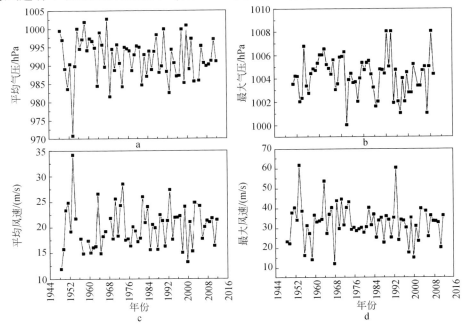

图 3-14　影响南流江流域热带气旋中心气压和风速年变化

a. 平均气压；b. 最大气压；c. 平均风速；d. 最大风速

14a、b、d)。变化的总体趋势与南流江水沙通量变化趋势比较吻合。

筛选直接影响南流江流域常乐和博白站的热带气旋，分析气旋过境时的大气平均气压和平均风速与当日平均流量的相关性，结果显示两站的平均气压与平均流量均呈显著负相关（图 3-15），两站的平均风速与平均流量则呈显著正相关（图 3-16），且其检验均达到 99% 的置信水平。

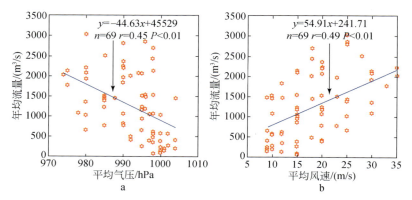

图 3-15　热带气旋风速、气压与常乐站平均流量相关分析

a. 平均气压与平均流量的相关性；b. 平均风速与平均流量的相关性

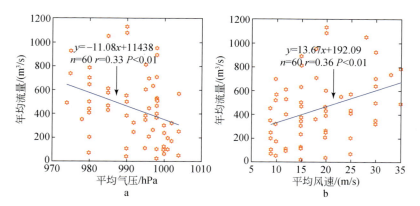

图 3-16　热带气旋风速、气压与博白站平均流量相关分析

a. 平均气压与平均流量的相关性；b. 平均风速与平均流量的相关性

此外，本书分别选取 1949~2012 年平均气压、平均风速、最大气压和最

大风速的平均值（如同年有多个热带气旋，则取多个气旋平均值作为该年的值）经过标准化处理后进行小波分析，进一步揭示影响南流江流域热带气旋气压和风速的振荡特征。结果如图 3-17，平均气压以 5 年为周期的变化最明显，1950～1970 年平均气压、平均风速和极大风速的 10 年长周期信号非常强。而在 1970～2010 年气压极大值的 10 年长周期比较明显，最明显发生在 1980～2000 年之间，1970 年前周期信号弱。亦即 60 多年来平均气压、平均风速和极大风速的长周期变化规律信号逐渐减弱，而气压极大值则有增强趋势。综上，平均气压、平均风速、最大气压和最大风速有 5 年的短期变化周期和 10 年的长期变化周期（图 3-17），这与南流江水沙通量变化的震荡周期存在较好的一致性（图 2-6）。

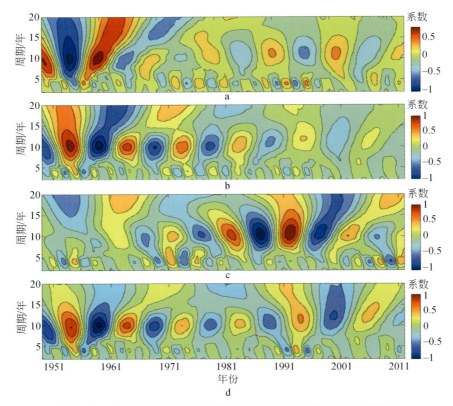

图 3-17　影响南流江流域热带气旋平均气压和平均风速小波分析

a. 气压平均值；b. 风速平均值；c. 气压极大值；d. 风速极大值

3.2.5 热带气旋对泥沙通量变化的贡献

鉴于热带气旋与南流江水沙变化的密切关系，在上一章对不同时期不同区域的流量–泥沙曲线的比较分析的基础上，本节首先利用百分位法将常乐站的平均流量划分为平水年、洪水年和枯水年，并计算其流量–泥沙比率曲线，然后选取各个时期的典型年份计算热带气旋影响下的入海泥沙量，最后得出热带气旋的泥沙贡献率。

1. 南流江平水年、洪水年和枯水年的划分

百分位法是分析长序列数据特征分级的重要手段，一般分 7 等级：5%（$P5$）、10%（$P10$）、25%（$P25$）、50%（$P50$）、75%（$P75$）和 95%（$P95$）。应用百分位法分析南流江（常乐站）年平均流量变化和分级特征，并将小于 $P25$ 的年份视为枯水年，大于 $P75$ 的年份是洪水年，其他则为平水年（图 3-18，表 3-4）。并选择 1966、1980 和 2008 年为以上三个时期的典型年份，进一步分析热带气旋对泥沙变化的贡献率。

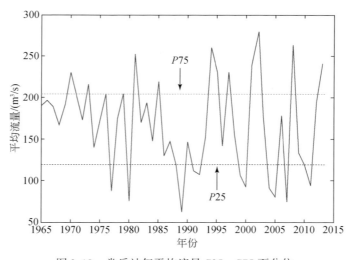

图 3-18　常乐站年平均流量 $P25$、$P75$ 百分位

表 3-4　洪水年、枯水年和平水年划分　　　（单位：m³/s）

洪水年		枯水年		平水年			
年份	年平均流量	年份	年平均流量	年份	年平均流量	年份	年平均流量
1970	230.45	1977	87.77	1965	190.07	1983	193.67
1973	215.85	**1980**	75.94	**1966**	196.36	1984	147.85
1976	205.60	1989	62.29	1967	188.60	1986	129.77
1981	251.92	1991	111.37	1968	166.63	1987	147.66
1985	219.33	1992	107.58	1969	190.05	1988	119.81
1994	259.28	1999	106.54	1971	200.59	1990	146.64
1995	230.72	2000	92.61	1972	172.27	1993	151.48
1997	229.87	2004	91.11	1974	139.72	1996	141.74
2001	238.02	2005	80.39	1975	173.18	1998	154.85
2002	279.18	2007	74.84	1978	174.62	2003	170.58
2008	264.10	2010	117.77	1979	203.50	2006	178.30
2013	240.57	2011	94.16	1982	169.45	2009	133.36
						2012	194.80

2. 平水年、枯水年和洪水年流量-泥沙关系及热带气旋输沙量贡献率

将平水年（1966）、枯水年（1980）和洪水年（2008）典型年份做逐日流量-泥沙比率曲线分析（图 3-19），结果表明，三者相关系数都很高（表 3-5）。1980 年斜率最大，1966 年次之，表征一定的流量挟沙能力（挟沙量）：枯水年>平水年>洪水年。

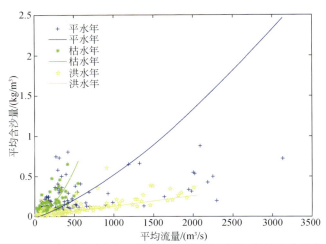

图 3-19　常乐站平水年、枯水年和洪水年流量-泥沙比率曲线

表 3-5　常乐站典型平水年、枯水年和洪水年流量–泥沙关系式

时间（年）	关系式
平水年（1966）	$y = 0.00004x^{1.3699}$（$R^2 = 0.7806$）
枯水年（1980）	$y = 0.00001x^{1.767}$（$R^2 = 0.7489$）
洪水年（2008）	$y = 0.0002x^{0.9413}$（$R^2 = 0.8664$）

接着将去除热带气旋发生当天的实测流量（Q_w）和实测含沙量（Q_s）后的水沙进行幂指数拟合，根据关系式利用热带气旋发生当日的实测流量求出热带气旋发生当日实际平均含沙量（Q'_s）（表 3-6）。进一步计算热带气旋含沙量贡献量（Q_T），最后通过 Q_T 与该年总的输沙量的比值，算出热带气旋泥沙贡献率。结果显示，平水年、枯水年和洪水年热带气旋对河流悬浮泥沙的贡献率分别为：24.38%、43.36% 和 10.72%（表 3-6）。即在枯水年，由于干旱地表土壤极易遭受侵蚀，热带气旋影响下更多的泥沙进入河流，导致含沙量较高；相反，在洪水年，由于流域较多降水，地表含水率较高，土壤侵蚀率较低，进入河流的泥沙中热带气旋的绝对贡献率较低。平水年则介于枯水年和洪水年之间。

表 3-6　热带气旋输沙量贡献率估算

时间（年）	实测平均流量 Q_w/（m^3/s）	实测平均含沙量 Q_s/（kg/m^3）	去除热带气旋影响后的水沙拟合关系式	拟合后平均含沙量 Q'_s/（kg/m^3）	热带气旋含沙量贡献量 Q_T/（kg/m^3）	输沙量贡献量 Q_T/t	热带气旋输沙量贡献率/%
平水年（1966）	187.11	0.0746	$y = 0.00004x^{1.3861}$（$R^2 = 0.7741$）	0.0564	0.0182	293.94	24.38
枯水年（1980）	72.22	0.0369	$y = 0.00001x^{1.7571}$（$R^2 = 0.7143$）	0.0184	0.0185	115.41	43.36
洪水年（2008）	256.37	0.0394	$y = 0.0002x^{0.9296}$（$R^2 = 0.8718$）	0.0347	0.0047	104.36	10.72

综上所述，影响南流江流域热带气旋的时空分布、强度、路径、平均风速和平均气压变化都与水沙通量变化有较显著的相关性，热带气旋是泥沙通量变化的重要影响因素。经估算，在平水年、枯水年和洪水年，热带气旋对

河流悬沙的贡献率分别为 24.38%、43.36% 和 10.72%。

3.3　小　　结

平均气温上升趋势明显，诱发的干旱很有可能导致水土流失更严重。平均流量与降水量的减少趋势一致，流域流量主要受流域降水量控制。平均每年 4.8 个影响流域的热带气旋对水沙通量变化有重要贡献，平水年、枯水年和洪水年热带气旋输沙量贡献率分别为 24.38%、43.36% 和 10.72%。

第4章 人类活动对南流江水文过程的影响

流域建坝、建水库和采砂等一系列高强度人类活动已成为影响河流水文变化的重要因素之一（Milliman and Farn sworth，2011）。对亚马孙河、尼罗河、恒河、长江和黄河等大江大河的研究表明，上游修筑水库和大坝显著影响河口的泥沙入海通量，水库和大坝建设等水利工程是导致泥沙入海通量锐减的主要因素（Yang et al.，2004；Nilsson et al.，2005；Syvitski and Green，2005；Dai et al.，2014）。独流入海的中小河流是否有类似情况呢？本章重点分析水利工程、用水量、水土流失和采砂等人类活动对南流江水文变化的影响。

4.1 水利工程

南流江流域分布有两个较大的水库，一个是下游洪潮江水库，另一个是中游合浦水库（包括旺盛江水库、小江水库和清水江水库）。洪潮江水库位于合浦县的洪潮江上，1964年12月建成。集雨面积400 km²，蓄水量392×10⁸m³，总库容7.16×10⁸m³。小江水库位于博白县小江上，1960年4月建成。坝址以上集雨面积919.8 km²，蓄水量494×10⁸m³，总库容10.4×10⁸m³。旺盛江水库位于浦北县车头江上，1960年4月建成。集雨面积133 km²，蓄水量98.87×10⁸m³，总库容1.5×10⁸m³。以上三个水库属大型水库，功能以灌溉、防洪为主。清水江水库位于合浦县清水江上游，1959年10月建成，坝址以上集雨面积52 km²，总库容0.626×10⁸m³，属中型水库，功能以灌溉为主（表4-1）。

表 4-1　南流江主要水库

水库		总库容 /×10^8 m^3	集雨量/km^2	蓄水量 /×10^8 m^3	出库流量 / (m^3/s)	竣工时间
洪潮江水库		—	7.16	400	392	11	1964
合浦水库	旺盛江水库	1.5	133	98.87	—	1960
	小江水库	10.4	919.8	494		1960
	清水江水库	0.626	52	—		1959

流域典型的大坝有沙河坝和总江桥闸。据 1999 年冬调查，始建于 1969 年冬的南流江干流沙河坝坝前河槽泥沙淤高 1.5～2.0 m，库区河滩淤高 1.5 m 左右，累计淤沙量达 111.3×10^4 m^3（肖宗光，2000）。下游总江桥闸位于合浦县环城乡，坝址以上集雨面积 6730 km^2，始建于 1964 年 12 月，1965 年 8 月竣工（图 4-1）。

图 4-1　总江桥闸
拍摄于 2016 年 8 月

因南流江流域水库和大坝都是 1965 年前修建，而 1965 年前的水沙资料缺乏，建坝建库前后的水沙通量变化无法进行对比分析。但从建坝建库后的水沙通量变化情况分析，流域大坝规模不大，水库也都位于支流上，可以推测即使大坝和水库建设是近几十年来南流江入海泥沙锐减的重要原因之一，但对近50年来的水沙通量变化贡献仍然非常有限。此外，其他水利工程建设，如防洪和排水工程、基础设施建设和截污工程等也在不同程度影响流域水沙变化。一般情况下，山区河流流程短、流速较快，上游水沙都会影响河口区域，只是总江桥闸建设后，上游来水来沙对河口区的影响减弱，导致潮汐和波浪带来的泥沙对河口区的影响增加。

4.2 用 水 量

河流为流域提供源源不断的淡水资源，故用水量对河流水沙通量变化有重要影响。南流江流域一直为广西沿海钦州市、北海市和玉林市三座城市的大部分地区供应水资源。对2003～2014年这三座城市水资源消费情况的分析结果表明，总用水量上升趋势不明显（图4-2）。工业用水和生活用水有略微上升趋势，而农业用水则略有下降（图4-2）。因此认为，南流江流域用水量对水文变化的贡献较为有限。

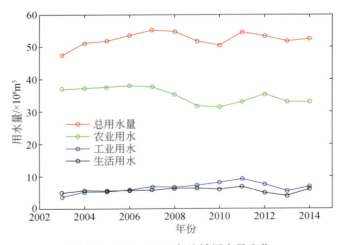

图 4-2 2003～2014 年流域用水量变化

4.3　水土流失与土地覆被变化

相关研究显示，全球水土流失严重，流失面积达陆地面积的30%，每年流失有生产能力的表土250×10^{8}t（田卫堂等，2008）。我国几乎每个省份都发生不同程度的水土流失现象，2005年水利部公布的数据显示，2004年全国土壤侵蚀量达16.22×10^{8}t。广西早在1955年就开始建立水土保持机构，但由于"文化大革命"等历史因素的影响，水土保持工作处于无序状态。形同虚设的机构直到1984年才恢复正常，因此在20世纪70~80年代，流域内不合理的人类活动造成的水土流失为河流提供较为充足的泥沙来源，使平均含沙量维持在一定的水平，甚至一度造成一些河段严重淤积，如前面提到的南流江沙河坝严重淤积现象。广西沿海诸河土壤轻度侵蚀以上的水土流失面积达1232.09 km^2，占广西各大水系流域土壤侵蚀面积的11.06%（广西壮族自治区地方志编纂委员会，1998）。南流江下游是广西水土流失严重地区之一，根据2000年卫星遥感调查，南流江下游区水土流失面积达到317.6 km^2，占总面积的23%，年流失总量为250×10^{4}t（梁永玖，2010）。南流江上游的钦州市灵山县1974年水土流失面积为3120 hm^2，1980年增加到5500 hm^2，1987年进一步增加，达到214100 hm^2。相应的，南流江上游平均流量和平均含沙量从1974年到1987年，年均增加量分别为1.4%和0.8%（图2-12）。因同一时期影响该区域的热带气旋变化不明显，可以认为水土流失对水沙通量变化有重要贡献。

为了进一步分析水土流失与河流水沙变化的关系，基于中国科学院资源环境数据中心的全国土地利用数据库，选择1995、2000、2005和2009年流域土地利用类型及其面积进行对比研究。结果表明，林地在2000年之前变化小，2000年仅比1995年减少了约10 km^2。但之后减小趋势明显，林地面积从2000年的14966.21 km^{2}减少至2009年的7714.52 km^2，年平均减少6.29%（图4-3，图4-4，表4-2）。

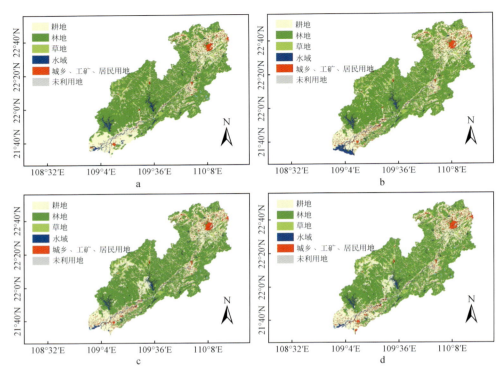

图 4-3　1995～2009 年流域土地利用分类

a. 1995 年；b. 2000 年；c. 2005 年；d. 2009 年

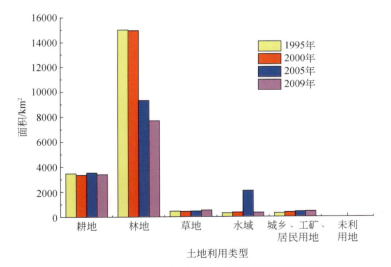

图 4-4　1995～2009 年流域土地利用类型面积变化

表 4-2　1995～2009 年流域土地利用类型面积变化　（单位：km^2）

土地类型	1995 年	2000 年	2005 年	2009 年
耕地	3461.97	3349.27	3540.47	3399.14
林地	14988.68	14966.21	9309.50	7714.52
草地	461.17	441.61	467.72	536.94
水域	299.27	369.49	2100.24	328.91
城乡、工矿、居民用地	301.53	379.60	394.41	446.15
未利用地	2.52	3.67	2.02	3.99

　　如果以 1 亩（1 亩≈666.7 m^2）林地产 6 m^3 木材计算，1995 年到 2009 年减少的林地达 7274.16 km^2，合计 1091.12×10^4 亩，可产 6546.74×10^4 m^3 木材。据梁音等估算，每砍伐 1 m^3 的木材，就会增加 400 kg 的泥土流失（梁音等，1998）。可以估计，过去的 15 年，南流江水土流失约 2618.7×10^4 t。另据侯刘起估算，南流江流域 2009 年的土壤侵蚀总量为 1926.58×10^4 t（侯刘起，2013）。按梁音等关于长江流域研究成果，以 0.3 为输移比计算，南流江流域 2009 年入江泥沙量为 577.97×10^4 t。而南流江是南亚热带山区河流，流域地质构造以花岗岩和砂页岩为主，红壤广泛发育，土壤抗侵蚀力差，比长江流域的土壤更疏松、更易侵蚀，因此入江泥沙的估计值应该比 577.97×10^4 t 要高。根据全流域面积与常乐站集雨面积（除去水库和小流域部分，因为此部分区域的水沙很少进入干流）的比值，估算水土流失对水沙通量变化的贡献率。除去水库和小流域部分的常乐站集雨面积约为 3580.2 km^2，因此获得进入南流江干流的泥沙量：577.97×（3580.2/9507）＝216.66×10^4 t。按王文介研究成果，华南入海河流悬移质泥沙约占河槽泥沙的 1/10（王文介，1986），即因水土流失进入南流江的悬移质泥沙有 21.67×10^4 t。如果按南流江常乐站年平均悬移质输沙量为 87.52×10^4 t 左右计算，流域水土流失对入海泥沙有 24.76% 的贡献率，这和热带气旋在平水年对泥沙影响的贡献基本相当。

　　此外，与林地面积变化趋势相反，城乡、工矿和居民用地在增加，2009 年是 1995 年的 1.5 倍，年均增加 2.21%。然而，同期南流江水沙发生不同程度的减少，以常乐站为例，2009 年的平均流量和平均含沙量相对于 1995 年分别减少了 42.2% 和 39.33%，年均减少分别是 2.8% 和 2.6%（图 4-4，图 4-5，表 4-2）。建筑用地的增加，说明流域人口在增多，在用水量、修建河堤工程等方面都相应增加，从而不同程度地导致水沙在不断下降。

NDVI（归一化植被指数）有助于分析南流江流域植被覆盖率变化。利用 1987、2001、2009 和 2015 年 TM 影像，通过 ENVI5.1 软件进行定标辐射、大气校正和图像镶嵌处理，最后利用该软件的 NDVI 模块，计算相应年份的 NDVI 值以探讨南流江流域植被覆盖率变化特征。结果表明，1987～2015 年期间 NDVI 值经历了急剧下降到逐渐恢复的过程。即 1987～2009 年流域 NDVI 值下降趋势明显，其中 2001～2009 年期间尤其突出，2009 年 NDVI 值小于 0.2 的面积占一半以上（图 4-5）。这与同期土地利用类型中林地的急剧下降

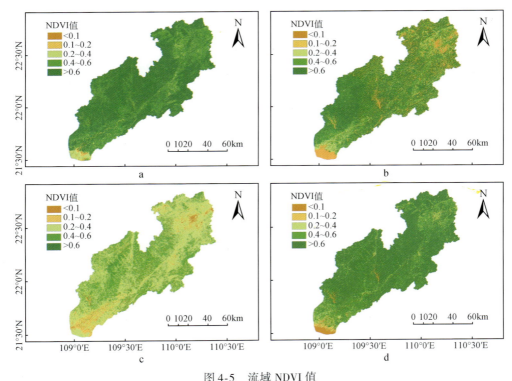

图 4-5　流域 NDVI 值

a. 1987 年；b. 2001 年；c. 2009 年；d. 2015 年

趋势吻合。2009～2015 年间，流域 NDVI 值处于快速恢复阶段，这可能跟流域速生桉的大面积种植有密切关系。据了解，2009 年左右广西开始大面积种植速生桉，至 2015 年左右速生桉 4 年左右的生长周期已到，因此看到流域 NDVI 值均在 0.4 以上。从某种程度上看，近十年流域植被的恢复可能是影响流域产沙的重要原因之一。

以上分析表明，南流江流域植被覆盖率先减后增，2009 年左右是转折点。2009 年之前水土流失严重，对水沙变化影响较大。与此同时，城乡、工矿和居民用地在增加。2009 年之后，流域植被覆盖率在不断增加，这也是影响流域产沙量的重要因素。

4.4 采　　砂

河砂是河流赠送给海洋的礼物，是塑造河口三角洲的物质基础，也是重要的建材资源。随着流域城镇化、公路建设的加快，对河砂的需求量也日益增加，河道采砂业蓬勃发展。对南流江流域的详细调研发现，中游和下游的采砂现象普遍存在，河砂偷采乱采严重（图 4-6）。以钦州市浦北县为例，该县大小采砂场点共有 135 个，主要分布在南流江干流、武利江、武思江、马江河、张黄江流域（表 4-3）。该县有证经营的采砂场点只占砂场总数的 10%，河道采砂管理处于无序状态。究其原因，一方面浦北县沿河地区特别是泉水镇（图 4-7），是南流江和支流张黄江交汇处，河流弯道大，利于泥沙淤积，河砂资源丰富。据浦北县泉水镇炮滩坡老百姓介绍，部分河岸地区沙层深度超过 30 m。另一方面是非法采砂利润巨大。据实地走访调查，目前在江河上具有一定规模机械开采的河砂，直接成本约为 19 元/m³，而平均市场交易价高达约 38 元/m³，非法采砂毛利润 19 元/m³。1 台 24 匹马力的抽砂机平均每小时采河砂高达 50 m³，按平均每天抽 8 小时计，每天非法抽砂所得达 7600 元。1 台 24 匹马力的抽砂机一年只要有 1/4 的时间从事非法采砂，其非法所得就达 68.4×10⁴ 元，而采砂船及抽砂机的造价仅为 25×10⁴ 元，净利润高达 43.4×10⁴ 元。一年一台抽砂机从河中抽砂约达 3.6×10⁴ m³，135 个采砂场中有 80 个同时正常进行采砂作业，每个以 1 台抽砂机计，保守估计浦北县一年抽砂 $288 \times 10^4 \text{m}^3$。此外，除了钦州市浦北县，还有玉林市和北海市合浦县河段非法采砂活动也非常疯狂，据当地居民介绍，合浦县的河砂盗采乱采现象不亚于浦北县。

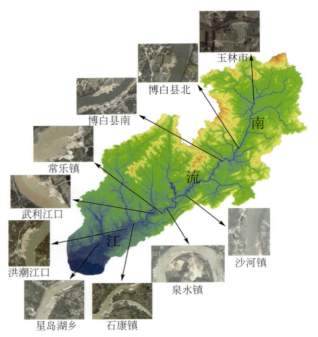

图 4-6 典型采砂场分布

表 4-3 浦北县采砂场基本情况

流域	合法采砂场/个	非法采砂场/个	备注
南流江	36（其中泉水镇 19，石埇镇 17）	4 个（非法耕地采砂场）	是浦北县采砂规模较大较多较集中的河段，部分属于禁采区
武利江	37（北通镇 18，白石水镇 12，三合镇 7）	无统计	此河段河砂基本枯竭
武思江	13（寨圩镇 7，六硍镇 6）	无统计	
马江河	32（小江镇 21，福旺镇 6，官垌镇 5）	无统计	部分属于水源保护区

续表

流域	合法采砂场/个	非法采砂场/个	备注
张黄江	13（张黄镇 10，泉水镇 3）	无统计	
合计	131	4	全县有 90%采砂场属非法

图 4-7 浦北县泉水镇采砂与河岸侵蚀

从某种程度上说，采砂量与当地的城镇化等经济社会发展有着密切的关系，故统计分析 2003～2013 年南流江流域的人口与 GDP 并分析其与采砂量的关系。2013 年的人口和 GDP 相对于 2003 年分别增加了 18.34% 和 324.65%，年增长率分别是 1.67%、29.51%（图 4-8）。南流江流域人口和 GDP 不断攀升的趋势从某种程度上说明近十年南流江采砂量一直在攀升。保守估计南流江流域采砂量为 $700×10^4$ m^3，如果按建筑用砂标准 1 m^3 重 1.4 t 估算，全流域采砂量为 $980×10^4$ t，单位面积采砂量高达 1030.82 m^3/km^2。而根据 2014 年《长江泥沙公报》，长江中下游干流河道采砂量约为 $4816×10^4$ t，单位面积采砂量是 26.76 m³/ km²。南流江流域单位面积采砂量远远大于长江流域。如此大的采砂量，是入海泥沙较少的重要原因，将会严重影响河岸与河槽的稳定性与自我调节能力，进一步影响河口三角洲的发育与演变。

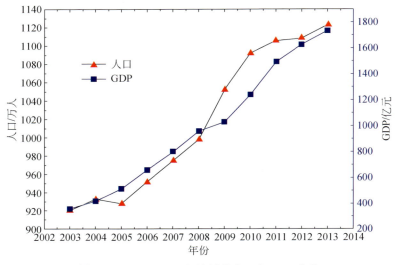

图 4-8　2003～2013 年流域总人口和 GDP 变化

4.5　自然和人为因素的综合影响

以上分析表明，南流江流域主要水利工程都修建于 20 世纪 60 年代，对近期河流水沙变化的贡献很有限，流域内用水量对水沙变化影响不大。流域内林地减少趋势明显，水土流失严重，据估算，流域水土流失对入海泥沙通量有 24.76% 的贡献量。与热带气旋对南流江泥沙通量的影响一样，有助于流域产沙量的增加。此外，根据测算，南流江单位面积采砂量为 1030.82 m³/km²，是长江单位面积采砂量 26.76 m³/km² 的近 40 倍。因此认为，采砂可能是南流江泥沙通量变化的主要因素，其贡献量目前因数据缺乏而有待日后进一步研究。

第 3 章和本章分别从气候变化和人类活动方面分析南流江水沙通量变化

的控制因素，尽管收集的数据显示，采砂等人类活动是造成南流江入海泥沙变化的主要因素，但影响河流变化的其他因素仍需进一步完善和量化评价。为了更加直观表达近 50 年来南流江水沙通量变化的影响因素，总结了相应的概化模型（图 4-9）。根据前文关于"流量–泥沙比率曲线"的分析结果（图 2-22），本书认为，南流江水沙通量变化的控制因素中，1965～1979（高流量高含沙量阶段）主要是毁林开荒所致；1980～1989 年（中流量中含沙量阶段）为气候（干旱）因素引起，1990～1999 年（中流量中含沙量阶段）是洪水、小流域综合治理工程等自然因素和人类活动因素综合作用；而 2000～2012 年（低流量低含沙量阶段）则以挖沙、植树造林（如速生桉）和水土保持工作等人类活动因素为主（图 4-9），而且，近 50 年，人类活动因素对水沙通量变化的贡献率逐年变大。也就是说，近 50 年，自然作用和人类活动对南流江水沙变化的影响贡献率是分阶段的，1965～1989 年，气候变化等自然作用的贡献率相对较高，这个时段影响流域的热带气旋数量较多，流域的干旱和毁林开荒等因素造成了水沙通量较高；1990～1999 年，小流域综合治理等人类活动对水沙通量的影响进一步加强；2000 年至今，采砂、植树造林和水土保持等人类活动对河流水沙变化的贡献率进一步增加。

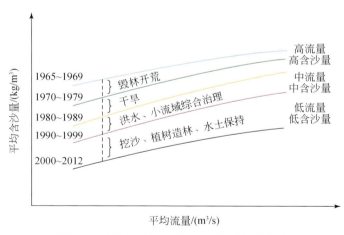

图 4-9　南流江流量–泥沙比率关系概化曲线

与此同时，以热带气旋和人均 GDP 分别为自然因素和人文因素的代表，与 2003 ~ 2012 年南流江水沙相耦合，结果发现 50% 年份（2004、2005、2007、2009、2010 年）分布于象限 III，特点是"四低"：低流量，低含沙量，低人均 GDP，低热带气旋数。象限 II 分布有 2003、2006、2008、2012 四个年份，特点是"四高"：高流量，高含沙量，高人均 GDP，高热带气旋数（图 4-10，表 4-4）。"四高四低"的自然和人文耦合特点，表明在自然人文双重压力作用（如热带气旋、采砂等因素）下，南流江水沙变化的突然性与极端性特征明显，表明热带气旋和采砂等因素对水沙变化的影响较大。

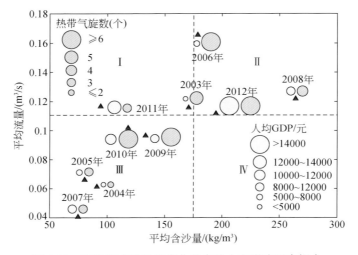

图 4-10　南流江水沙通量变化的自然人文影响因素耦合

表 4-4　南流江水沙通量变化的自然人文影响因素耦合

象限	年份	特点
I	—	—
II	2003、2006、2008、2012	高流量高含沙量，高人均 GDP，高热带气旋数
III	2004、2005、2007、2009、2010	低流量低含沙量，大部分低人均 GDP，低热带气旋数
IV	2011	低流量低含沙量，人均 GDP 和热带气旋数起伏大

第5章　南流江河槽地貌变化过程

河流形态是近代水流水文过程的产物，由于挟沙水流和河槽边界的共同作用，河槽的形态将发生自动调整（钱宁等，1987），水沙条件是冲积性河流河槽形态变化的主要动力（邵学军和王兴金，2005）。然而，受气候变化、水库建设、河道整治以及水土整治工程等因素的影响，当前河流的河槽形态变化快速、复杂和多样。河流的河槽形态变化研究对分析水沙变化过程有重要意义。基于此，本章重点分析南流江河槽形态演变特征及其与水沙变化之间的联动机制。

5.1　河槽形态变化过程

河槽形态变化是河槽对水沙通量变化的主要响应特征之一。选择南流江从上游至下游六个典型断面的河槽形态变化特征（横江、博白、合江、小江、常乐和总江口，图5-1）以综合分析河槽沿程的地貌状态，并选择横江、博白和常乐三个典型断面研究河川不同河段的河槽形态变化模式。

对1965~2012年南流江各典型断面的分析结果表明，南流江河槽形态有"U"形和"V"形两种主要类型，其中上游横江、小江和下游的总江口断面属于"U"形（横江断面距右岸140 m处有竖条，可能是河道工程建设所致）。上游博白、下游常乐断面属于"V"形。中游合江断面因为左岸呈"U"形右岸呈"V"形而表现出复合型断面（图5-2，图5-3）。不论是枯季还是洪季，横江、合江、小江和总江口表现比较稳定，但博白和常乐断面变化较大。此外，位于上游的博白断面由于近十几年冲刷比较严重，中段已基本被削平，已由原来1982年之前的"V"形，逐渐向1982年之后的"U"形过渡。这表明尽管来水来沙减少，但位于上游的博白站流速较急、河水挟沙

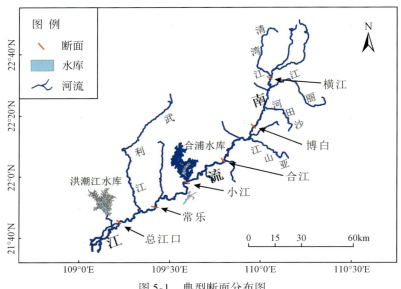

图 5-1　典型断面分布图

能力强，河槽两侧容易被掏蚀。常乐断面因为近十年左岸和右岸都被严重侵蚀，造成左岸不断被蚀深，"V"形逐渐明显，而原来有凸起沙丘的右岸也逐渐被夷平。可以看出，从上游到下游，河流断面形态基本呈现由"V"形向"U"形过渡特征，横向上的河槽有拓宽趋势。因为，上游是山区型河流，水流较急，河流以下切作用为主，河槽以"V"形为主。到了平原地貌为主的中下游，坡降变缓，流速变慢，旁蚀作用加强，河槽拓宽，河槽以"U"形为主。

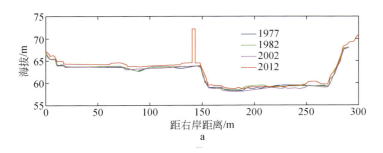

a

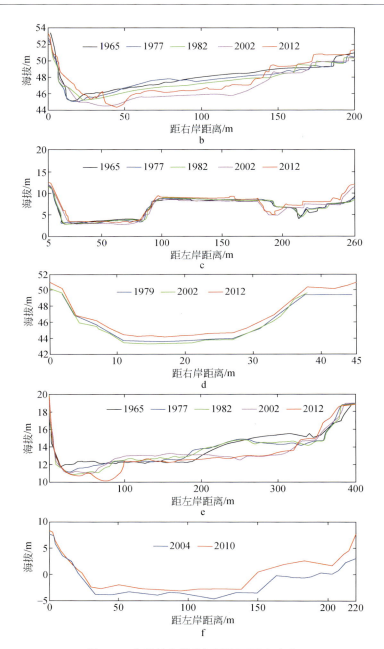

图 5-2 典型站点枯季河槽断面形态变化

a. 横江；b. 博白；c. 合江；d. 小江；e. 常乐；f. 总江口

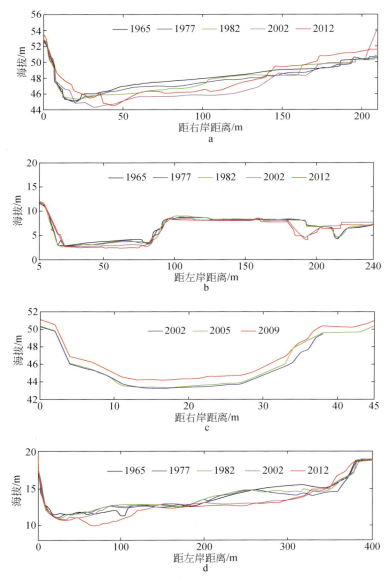

图 5-3　典型站点洪季河槽断面形态变化

a. 博白；b. 合江；c. 小江；d. 常乐

5.2 河槽的冲淤过程

河流断面形态的变化与河槽的冲淤变化密切相关。为了估算南流江河槽冲刷量和淤积量，选择近十几年（2001～2012 年）来四个主要站点（横江、博白、合江、常乐）的洪、枯季断面数据，先通过插值和积分等方法计算河槽断面冲淤面积（S），再通过 ArcGIS 量算站点断面间距（或离海距离）（H），最后利用河段前后断面的面积差的均值与河段长度的乘积 [$Q=$（$S2012-S2001$）$/2 \times H$] 估算南流江河槽冲刷量和淤积量。

南流江河槽断面的冲淤分析结果表明，对于单个断面来说，2001 年洪季与枯季的断面面积差（S_1）为负值，河段以冲刷作用为主，上游横江至博白段尤其明显；2012 年洪枯季断面面积差（S_2）也是负值，表明冲刷作用占主要，合江至常乐段除外。然而，对于河段而言，2001～2012 年间常乐至总江口段和合江至常乐段洪枯季河槽总体表现出冲刷状态，博白至合江段和横江至博白段洪枯季则发生淤积。对全流域而言，洪季河槽以冲刷为主，枯季以淤积为主，即"洪季冲刷，枯季淤积"，且上游冲刷比下游明显（表 5-1）。据估算，2001～2012 年河槽洪季冲刷量为 13.81×10^4 m³，枯季淤积量为 8.33×10^4 m³，洪季冲刷量高于枯季淤积量 5.48×10^4 m³，河槽整体表现为冲刷状态（表 5-1）。这与第 2 章夏、冬半年的水沙分布特征的分析结果吻合（表 2-2）。

表 5-1 河槽冲刷量和淤积量估算

站点	季节	S2001/m²	S2012/m²	2001 洪季-2001 枯季 S_1/m²	2012 洪季-2012 枯季 S_2/m²	河段及站点间距 H/m	河段冲淤量（$Q=SH$）/m³
常乐	枯季	2875.6	3049	-7	-3.1	常乐站-总江口，29978.22	2599111.67
	洪季	2868.6	3045.9				2657569.20
合江	枯季	10601.5	10670	-4.5	-14	合江-常乐，69066.39	2365523.86
	洪季	10597	10656				2037458.51
博白	枯季	11093	10941	-8	-9	博白-合江，31940.62	-2427487.12
	洪季	11085	10932				-2443457.43

续表

站点	季节	$S2001/m^2$	$S2012/m^2$	2001洪季-2001枯季 S_1/m^2	2012洪季-2012枯季 S_2/m^2	河段及站点间距 H/m	河段冲淤量 $(Q=SH)\ /m^3$
横江	枯季	14956	14803	-11	-7	横江-博白，32076.6	-2453859.90
	洪季	14945	14796				-2389706.70
						枯季合计	83288.51
						洪季合计	-138136.42

5.3 河槽断面形态对水沙变化的响应

河槽断面形态变化是河槽对水沙变化的主要响应特征之一，是河流体系自动调整作用的体现。1965～2012年南流江上、下游的典型站点断面资料，枯季（冬季）和洪季（夏季）断面数据对比分析结果显示，博白站和常乐站典型年份枯季以淤积为主，洪季以冲刷为主，验证了前述提到的"洪季冲刷，枯季淤积"规律，2001年和2012年尤为明显（图5-4，图5-5），与上述冲淤

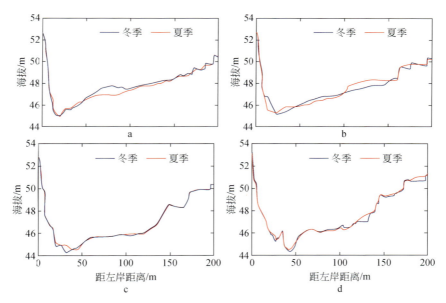

图5-4　博白站典型年份冬夏季断面对比
a. 1977年；b. 1982年；c. 2001年；d. 2012年

变化分析结果一致。

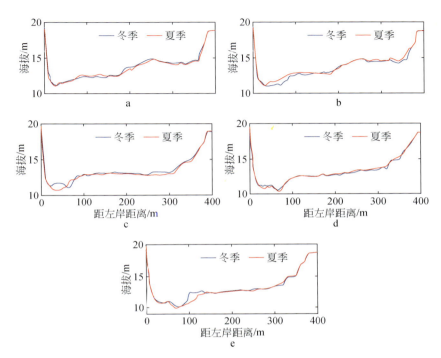

图 5-5　常乐站典型年份冬夏季断面对比

a. 1977 年；b. 1982 年；c. 2001 年；d. 2007 年；e. 2012 年

一般情况下，山区型河流枯季平均流量小，挟持泥沙能力不足，大部分泥沙淤积河槽，平均含沙量小。每年 4 月份开始平均流量逐渐增大，挟持泥沙能力增强，上游和支流带来泥沙渐多的同时，河槽底沙细粒被启动，平均含沙量突然增加至全年平均最高值，5~9 月平均含沙量随着流量的减小而逐渐减小。值得一提的是，南流江平均含沙量峰值出现在 4 月，与平均流量峰值出现在 6、8 月不相一致，可能原因是 4 月洪季开始，较大的径流将大部分河槽底部细粒泥沙启动，平均含沙量达到最大值，而同年 6 月和 8 月即使有更大的径流，因可供悬浮的泥沙不足致使平均含沙量不升反降。这与之前分析的 1965~2013 年南流江冬夏半年平均流量和平均输沙量占绝对优势的结论一致。此外，现场调研发现大量非法河道采砂活动，造成河槽下切、坡降加大以及水位降低，对河槽稳定性和生态环境保护不力，也将对河流水沙的变化产生重要影响。

5.4　河槽地貌形态变化格局

为了更好地表征和总结河槽形态的时空变化特征，采用 EOF 方法分析南流江河槽形态变化格局。对南流江典型站点横江、博白和常乐站洪枯季断面原始数据标准化处理后进行 25 m 等间隔插值组成相应矩阵，选取 2001～2012 年横江、博白和常乐洪季和枯季断面高程为空间特征函数矩阵，2001～2012 年洪枯季 24 个时间点为时间特征函数矩阵。不同时间段和空间范围内的时间特征向量和空间特征向量的乘积变化表示此时空范围内断面淤积和侵蚀的变化趋势，乘积值增加表示淤积，反之表征侵蚀。

由于河槽断面位置和动力条件的不同，断面的主要时空过程也不尽相同，对断面高程标准化后经 EOF 分解的特征函数表征了河槽断面在时间和空间的变化过程。对南流江上、中及下游典型断面横江、博白和常乐进行经验正交分解后，将每个断面特征值累计贡献率达到 80% 以上的绘制成表 5-2，其他时空特征函数视为剖面变化的随机过程，不予讨论（戴志军和李春初，2008）。选取已基本涵盖断面变化主要信息的累积贡献率范围，其中横江、博白、常乐和三个断面的累积贡献率分别 90.72%、93.11% 和 82.15%（表 5-2），分别有三个、两个和三个模态。绘制各断面的特征权重和空间特征向量分布图（图 5-6）。

表 5-2　典型断面模态及其权重

断面	模态	特征值	方差贡献/%	累计方差贡献/%
横江	第一	147.01	53.26	90.72
	第二	56.46	20.46	
	第三	46.92	17.00	
博白	第一	174.78	84.44	93.11
	第二	17.97	8.68	

断面	模态	特征值	方差贡献/%	累计方差贡献/%
常乐站	第一	174.84	44.72	82.15
	第二	89.97	23.01	
	第三	56.39	14.42	

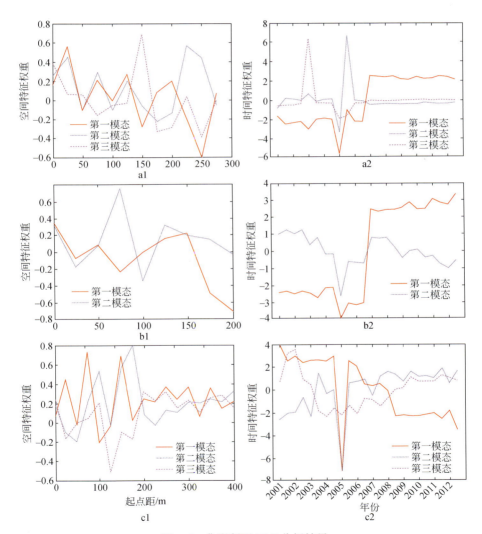

图 5-6　典型断面 EOF 分析结果

a. 横江；b. 博白；c. 常乐

横江位于南流江上游，其断面第一模态（图 5-6a）贡献率为 53.26%，是表征该断面变化的主要模式。图 5-6a1 表明，该断面空间特征函数呈锯齿状，总体下降趋势明显，权重值在±0.6 之间有规律振荡，说明河槽断面各区域都有不同程度冲淤，其中从左岸（0 m）到离左岸 130 m 处权重为正值，以淤积作用为主，离左岸 130 m 到右岸则以侵蚀作用为主（图 5-2a）。图 5-5a2 显示，时间特征函数基本呈正负对称，表示 2001～2005，2007～2012 年两个时间段冲淤变化比较稳定，而 2005～2007 年是该断面从负值转正值的时间段，是由整体侵蚀转整体淤积的冲淤变化比较强烈的特殊年份，这可能是因为 2005 和 2007 年为南流江流域的干旱年，相应的来水来沙均较少（图 2-12）。故可认为此模态主要表征河槽冲淤的周期振荡主要受来水来沙的影响。

横江断面第二模态贡献率为 20.46%。图 5-6a1 显示，空间特征函数呈近似水平的锯齿状，周期振荡性明显，且权重值大部分大于 0，整个断面主要显示出比较规律的振荡淤积变化。时间特征函数大多接近 0 值反映该模态下冲淤变化总体平稳（图 5-6a2）。值得一提的是，2005 年枯季和洪季分别是负的最小和正的最大值，预示着河槽地貌形态既受到该地区 2003～2005 年的连续秋旱（陈国保等，2006）来水来沙减少而总体淤积的影响，还受到 2006 年 8 月 6 号台风等突发性较强的极端天气的影响，造成河槽的冲刷。该台风近中心最大风力为 8 级，从南流江中游穿过，常乐站出现洪峰并超过警戒水位。因此，认为此模式表征受干旱、热带气旋等极端天气因素影响造成河槽冲淤变化。

横江断面第三模态贡献率为 17%，空间特征函数振荡规律介于第一、第二模态之间；时间特征函数以 0 值或接近于 0 值为主，在 2002 年洪季出现最高值。21 世纪初是南流江流域人类活动开始加速的时期，说明该时期的断面可能受到人工挖沙和护堤工程等人类活动因素影响。因此，该模态表征断面的地貌变化主要受采砂、护堤等人类活动因素影响。

博白断面第一模态（图 5-6b）贡献了 84.44% 的权重，是断面变化的主要模式，主要反映断面多年变化平均状态，表征季节性来水来沙变化明显影响断面冲淤变化的特点。空间特征向量（图 5-6b1）在 0 值上下规律振荡，反映出很强的季节变化规律，特征值为正的区域是离左岸 100～150 m 处，在 150 m 处淤积作用最为明显（图 5-2b、5-3a），在靠近右岸、离左岸 30 m、80 m 处出现较强侵蚀作用（图 5-2b、5-3a）。从时间特征函数看（图 5-5b2），整体呈上升趋势，可明显分成两阶段，以 2007 年枯季为分界点，之前是负值，最小可达−4，之后是正值，最大超过 3。2007 年是该断面 2001 年以来流量和含沙量最少的年份（图 2-7），因此认为该模式反映了河槽冲淤的振荡主要受来水来沙因素的影响。贡献率为 8.68% 的断面第二模态，表征其他因素影响河槽冲淤变化趋势。

常乐断面位于南流江下游，其第一模态（图 5-6c）贡献率为 44.72%，它反映了断面的多年变化平均状态，呈水平不规则锯齿状，为表征该河槽形态变化的主要模式。从图 5-6c1、5-6c2 中可以看出，空间函数权重在 0 值之间有规律振荡，说明河槽的冲刷与淤积有明显周期振荡特性。其中振幅较大的是距左岸 0～180 m，表征 180 m 至左岸段河槽冲淤变化大，离左岸 25 m、80 m、150 m 左右处特征权重处于波峰均大于 0.2，说明淤积作用最明显，离左岸 100 m 处权重处于波谷约为−0.5，出现明显侵蚀（图 5-2e，图 5-3d）。时间特征函数呈明显下降趋势（图 5-6c2），从正值逐渐过渡到负值，说明了冲淤的变化程度在减弱。值得注意的是，2005 年枯季突然变为最小值约−7，可能与 2005 年是流域干旱年有关。因此，可认为该模态主要表征来水来沙的季节变化是影响该河槽形态变化的主要因素。

常乐断面第二模态（图 5-6c）贡献率为 23.01%，为常乐断面变化次要模式，锯齿状空间函数分布形态。从图 5-6c1 看出此模式断面冲淤变化周期振荡特性依然存在，但冲淤强烈部分向右岸推移约 20 m，可能因为在极端天气条件下，断面变化会偏离第一模态的多年平均状态，又因为在 2005 年流域干旱年时间函数存在突变现象（图 5-6c2），2012 年断面图显示河道左岸表现出强烈侵蚀下切（图 5-2），"V"形河槽更明显，故该模态主要反映河槽形态变化受暴雨、洪水、干旱、台风或其他极端天气等因素的显著影响。从空间特征函数权重看，离左岸 100 m 和 180 m 左右权重分别为 0.5 和 0.4，处于振荡峰值，淤积作用明显（图 5-2e、图 5-3d）。

常乐断面第三模态（图5-6c）贡献率为14.42%。空间函数呈单峰不规则锯齿状，权重基本都小于0，说明该断面河槽形态变化以冲刷作用为主。其中在离左岸120 m附近出现波谷，此处冲刷作用较强烈。时间特征向量权重先急剧下降再缓慢上升，最大正值3.8出现在2002年，最小负值–2出现于2005年（图5-6c2）。因空间特征函数、时间特征函数变化并无明显规律性，说明此模态下河槽形态变化还受到来水来沙季节变化和极端天气因素以外的其他因素的影响，如护堤修建、人工挖沙等。

综上所述，一般来说，第一模态主要表征河槽断面的周期冲淤振荡与多年变化平均状态，反映来水来沙对河槽的季节性影响，是断面变化的主要模式。选取南亚季风指数与南流江典型站点（博白和常乐）的EOF分析结果的第一模态时间特征函数做相关分析。结果表明博白站和常乐站的第一模态时间特征函数与南亚季风分别呈较好的负相关和正相关关系，相关性的检验均达到99%的置信水平（图5-7），说明南亚季风对南流江河槽形态变化有影响，南亚季风影响南流江流域的降水量，导致水沙变化，进而影响河槽变化。这点从图5-3、图5-5得到印证，洪枯季河槽形态有不同体现，呈现"洪季冲刷，枯季淤积"的季节变化格局。

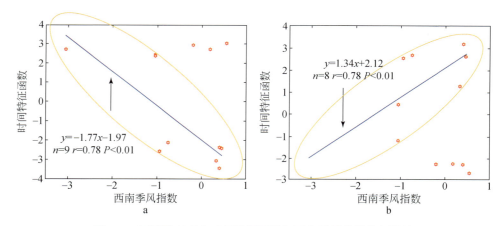

图5-7　河槽形态变化时间特征函数与西南季风指数的相关性

a. 博白；b. 常乐

第二模态则是表征断面受极端事件的影响下侵蚀加剧、局部"V"形河槽更加明显的特征，反映暴雨、洪水、干旱、台风或其他极端天气等因素对河槽的显著影响，为断面变化的次要模式；第三模态主要反映断面变化的其他因素影响。

5.5　小　　结

河槽的地貌变化状态为流域自然作用和人类活动共同影响下，河流水沙对其作用的结果。河流水沙变化、热带气旋等极端天气事件和采砂等人类活动等因素导致河槽出现地貌形态的变化。

（1）河槽断面地貌形态有"U"形、"V"形两种主要类型，博白和常乐断面近年来表现活跃，前者由原来的"V"形逐渐向"U"形转变，后者则由原来的"V"形逐渐表现为左岸呈"U"形右岸呈"V"形的复合型河槽断面。从上游到下游，河流断面形态基本呈现由"V"形向"U"形过渡特征，横向上的河槽有拓宽趋势。

（2）南流江河槽呈现"洪季冲刷，枯季淤积"的季节变化格局。2001～2012 年洪季冲刷量为 13.81×10^4 m^3，上游冲刷比下游明显，枯季淤积量为 8.33×10^4 m^3，冲刷量高于淤积量 5.48×10^4 m^3，河槽整体表现为冲刷状态。

（3）经验正交分解结果表明，断面第一模态主要表征河槽形态变化的来水来沙的季节变化影响特性，为南流江河槽形态变化的主要模式；第二模态则反映断面冲淤变化主要受暴雨、洪水、干旱、台风或其他极端天气等因素的显著影响，为断面变化的次要模式；第三、第四模态主要反映断面变化的其他因素影响。

第6章　南流江水文-地貌过程关联分析

入海河流水沙的特征与流域地貌演化阶段息息相关（李高聪等，2016）。本章通过流域地貌的演化分析，初步揭示南流江水文-地貌过程的内在关系。一般而言，流域地貌是内外营力共同作用的结果，其演化可分为幼年期、壮年期和老年期3个阶段（高抒，1989）。本章基于南流江流域分辨率为30 m的 DEM 数据，计算流域面积-高程积分值（HI 指数）、河流纵剖面拟合曲线和 S–A 双对数曲线图，分析南流江流域地貌演化阶段、均衡态和未来动态变化，探讨它们对水沙入海通量变化的指示意义。具体做法是，首先基于广西DEM 数据，利用 ArcGIS10.2 软件中的 "Basin" 工具，获取河流流域边界，再利用 "Stream Order" 工具生成南流江水系。最后，根据河长最长原则提取南流江主干道信息。

6.1　基于流域地貌演化阶段的水沙变化

Strahler 于 1952 年提出的面积-高程积分值（HI 指数）可以表征物质相对总量、指示流域发育进程及描述流域势能等信息（Strahler，1952；Sverdrup et al.，2005）。其计算公式为

$$\text{HI} = (h_{\text{mean}} - h_{\text{min}}) / (h_{\text{max}} - h_{\text{min}}) \tag{6-1}$$

其中，h_{mean} 为流域内地貌高程平均值；h_{min} 为高程最小值；h_{max} 为高程最大值。依据南流江流域 DEM 图得到南流江的 h_{mean} 为 118.16 m，h_{min} 为 0 m，h_{max} 为 1245 m，南流江流域 HI 值为 0.09。对南流江求高程积分曲线图，曲线呈现下凹形态（图6-1）。根据 Strahler 的划分标准，南流江流域 HI 值小于 0.35 为地貌发育的老年阶段。根据赵洪壮等人的研究，20 km² 左右尺度情况下，次级集水盆地面积高程积分受构造活动影响显著（赵洪壮等，2010）。本研究采用

3000 像元（相当于 24.3 km²）作为模型输入参数的前提下，南流江 HI 值小于 0.35，表明南流江流域受构造活动影响不显著。而有研究表明 HI 值与输沙模数呈显著正相关（信忠保等，2008；翟秀敏等，2012）。因此，南流江流域因 HI 值偏低，产沙强度不高，表明相对其他山区型河流，南流江的平均含沙量偏低。

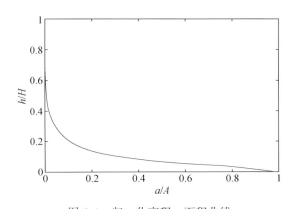

图 6-1　归一化高程、面积曲线

h 为量算高程，H 为流域内高差，a 为流域内高程大于 h 的面积，A 为流域总面积

6.2　流域地貌演化动态与水沙变化的关系

采用 ArcGIS10.2 软件中的"Watershed"工具生成南流江流域一级子流域（图 6-2），并依据子流域和河流主干道的分布情况在主干道上选取 4～5 个站位，计算上游集水盆地面积（A）和河道坡度（S）。然后获得 S-A 数据集。最后依据经典的河道水利侵蚀模型（Snow and Slingerland，1987；Chen et al.，2003；Whipple，2004）和基岩河道河槽高程随时间变化方程式，绘制河流 S-A 关系曲线（图 6-3）。

河流纵剖面的形态可以用线性、指数、对数和幂函数 4 种回归方式表达（陈彦杰，2004）。为了研究河流地貌演化的未来状态，本研究基于主干道数据，采用 ArcGIS10.2 软件中的"Extract by Points"工具提取南流江纵剖面高

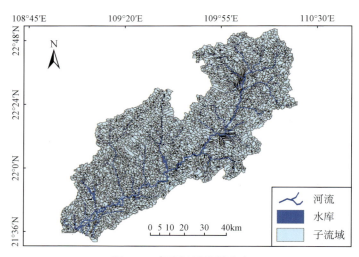

图 6-2　南流江子流域分布

程数据，进而对南流江的河长–高程散点图进行线性、指数、对数和幂函数拟合分析，并获取相应的相关系数（R^2）。结果表明，南流江的最佳拟合函数为指数，相关系数 R^2 范围为 0.95（图 6-3）。根据 Chen 等和李高聪等的研究结果，判断此阶段属于河流纵剖面演化的第二阶段，其特征是河流仍在不断进行溯源侵蚀，河流物质被从上游搬运到下游，纵剖面下凹程度进一步加大（Chen et al.，2003；李高聪，2016）。南流江 S-A 双对数曲线拟合结果为上凸型曲线（图6-3），表明河流纵剖面处于前均衡状态（陈彦杰等，2006）。流域地貌均衡态的前均衡态代表河流流域地貌的回春发育期（李高聪等，2016），对应的入海水沙通量变化趋势为增大。

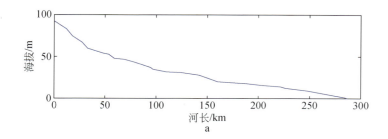

a

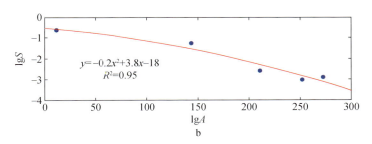

图 6-3　纵剖面和 *S-A* 双对数曲线图

a. 纵剖面；b. *S-A* 双对数曲线

综上，尽管南流江流域因 HI 值偏低，产沙强度不高，但其所处的地貌回春发育期表明河流仍在不断进行溯源侵蚀，对流域产水产沙有利，是流域泥沙增加的基本物源。然而，事实上河流水文变化的影响因素是复杂和多样的，除了考虑地貌均衡态和河流剖面曲线是控制水文变化的根本因素，仍需考虑气候和人类活动等干预因素。

第7章 南流江入海水沙变化
对河口三角洲的影响

河口是流域入海区域，其动力条件、沉积环境和地貌体系非常复杂（图7-1）。在海平面变化、河流来水来沙变化等因素的影响下，河口沉积环境在不断变化。黎广钊等结合[14]C测年数据、海平面升降和地质地貌条件等因素，总结了南流江河口三角洲地区三个演变阶段。①海侵阶段：距今8000～7000年，河口三角洲沉积速率小于海平面上升速率基面抬升，河谷溯源堆积，河口开始后退；②稳定阶段：全新世中期，沉积速率与海平面上升速率不相上下，河流堆积泥沙，河口向外进积；③海退阶段：全新世中晚期，沉积速率大于海平面上升速率，河口岸线进一步向外推移（黎广钊等，1994）。可见，泥沙在河口三角洲的演变过程中扮演重要角色。本章尝试从河口沉积速率、河口岸线形态变化等方面进一步探索水沙通量变化与河口沉积的关联性。

图 7-1　南流江河口潮滩

拍摄于 2016 年 6 月

7.1　河口沉积环境对水沙通量变化的响应

关于南流江入海口及附近海域的沉积速率，黎广钊等用^{14}C 等方法测定水下三角洲东部南周江和南东江河口区的沉积速率为 0.48 ~ 0.56 mm/a，而西部南干江和南西江河口沉积速率为 1.06 ~ 1.14 mm/a（黎广钊等，1994）。许冬等在北海港附近（下称北海站）1.54 m 的柱样研究结果表明，上部 20cm ^{210}Pb 比活度值较低，仅在 1.2 dpm/g 左右，而 65 cm 以下，^{210}Pb 比活度值反而均大于 2.2 dpm/g，在 145 cm 处出现最大值 2.770 dpm/g。这种分布可能暗示该处沉积环境不稳定，上下沉积物组成存在较大差异。随后，许冬等进一步对南流江入海口及附近海域的沉积速率做了相关研究（许冬等，2012），但较少涉及沉积速率与河流水沙变化的关系。本节通过在南流江入海口采集沉积柱，并进行测年分析，研究南流江河口沉积速率与水沙变化的关联性。

2016 年 6 月 11 日在南流江入海主干道——南干江附近的七星岛（1 号柱子）最南端和入海支流南东江（又名党江）（2 号柱子）的盐沼区采集了两根长约 100 cm 的沉积物柱子（图 7-2，图 7-3），具体位置分别为：109°02′27″E，21°36′11″N 和 109°06′29″E，21°34′13″N。从测量结果来看，2 号柱子沉积速率分析结果不典型（表 7-1），可能因为沉积物采集区受人类活动扰动大。故选择有效长度 95 cm 的 2 号柱子——七星岛柱状样为本研究的分析样本。

表 7-1　南东江柱状样沉积速率分析结果

样品名	深度/cm	^{210}Pb$_{ex}$	误差
DJ 5 ~ 6cm	5.50	21.48	7.24
DT 15 ~ 16cm	15.50	22.78	4.26
DJ 25 ~ 26cm	25.50	19.84	4.91
DJ 35 ~ 36cm	35.50	37.97	10.34
DJ 45 ~ 46cm	45.50	28.93	4.68
DJ 55 ~ 56cm	55.50	33.84	6.97
DJ 65 ~ 66cm	65.50	18.50	4.82

续表

样品名	深度/cm	$^{210}Pb_{ex}$	误差
DJ 75~76cm	75.50	8.04	5.50
DJ 85~86cm	85.50	11.29	4.72

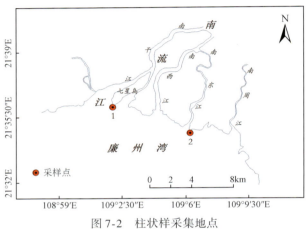

图 7-2　柱状样采集地点

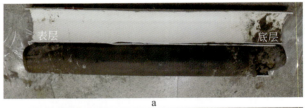

图 7-3　处理前的柱状样

a. 七星岛；b. 党江

7.1.1　河口沉积速率与水沙通量变化的关联

对沉积物样本进行分样、称重、烘干、封样等前期处理后，采用^{210}Pb 测年法分析沉积物沉积速率。测年结果显示七星岛沉积柱 0~56 cm 高度样品数据较典型（表7-2），通过相应的过剩^{210}Pb 11 个测深点拟合得到沉积速率为0.83 cm/a（$R^2 = 0.91$）（图7-4，图7-5）。略低于黎广钊等 1994 年在七星岛附近的南东江河口的研究结果 1.06~1.14 mm/a（黎广钊等，1994），可能与测年方法和测年时间不同有关系。

表 7-2　七星岛柱状样分析结果

样品名	深度/cm	^{210}Pb$_{ex}$	误差	ln（^{210}Pb$_{ex}$）
QXD 0~1cm	0.50	41.44	4.89	3.72
QXD 5~6cm	5.50	35.45	4.92	3.57
QXD 10~11cm	10.50	37.38	6.29	3.62
QXD 15~16cm	15.50	30.02	5.40	3.40
QXD 20~21cm	20.50	21.82	5.39	3.08
QXD 25~26cm	25.50	16.91	5.90	2.83
QXD 30~31cm	30.50	12.41	4.87	2.52
QXD 35~36cm	35.50	9.31	4.88	2.23
QXD 40~41cm	40.50	7.78	4.98	2.05
QXD 45~46cm	45.50	7.72	8.07	2.04
QXD 55~56cm	55.50	8.14	8.90	2.10

通过衰变常数以及沉积物^{210}Pb 活性度、干密度、积分计算每层沉积物的平均沉积速率，同时利用衰变常数、积分求得每个层次的代表年份。结果表明，南流江河口 1950 年以来沉积速率逐年升高的趋势较明显（图7-5）。这与60 年代以来逐年减少的流域来水来沙变化趋势完全相反，说明南流江入海水沙通量对河口沉积的影响有限。因南流江入海口属于强潮海域，较强的潮汐作用可以将泥沙带到河口区域，而南流江入海口分布大片浅滩，涨潮带来的泥沙在落潮时因浅滩的拦阻，在近似喇叭形的南流江河口区更容易造成淤积，从而导致该区域沉积速率逐年增高。葛振鹏等的研究也表明，廉州湾东岸在1991~2010 年均呈淤积状态（葛振鹏等，2014）。此外，南流江入海口盐沼发

育较好（图 7-6），王俊杰等研究发现，1990～2015 年的廉州湾红树林面积呈现"增长—下降—增长"特征，2015 年红树林湿地面积 734.36 hm² 是 1990 年 255.66 hm² 的 2.87 倍，年均增长 4.31%（王俊杰，2016），对河口区泥沙的捕集与淤积有促进作用。因此，认为近年来南流江河口沉积速率在不断加快与其动力环境和泥沙收支也有很大关系，即强潮海岸、浅滩地形及盐沼环境促进了泥沙在河口的淤积速率，这样的环境下河口区泥沙以由海向陆输送为主，河流输沙次之。这呼应了第 6 章提到的水利工程作用下河流水沙影响河口能力减弱，潮汐和波浪带来泥沙对河口影响加强的判断。

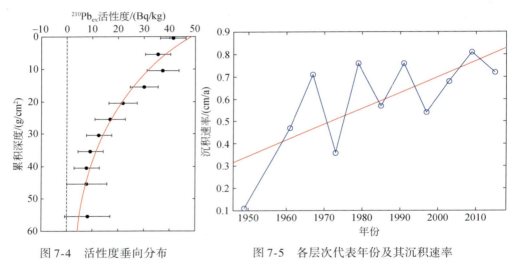

图 7-4　活性度垂向分布　　　　图 7-5　各层次代表年份及其沉积速率

图 7-6　南流江三角洲

拍摄于 2016 年 6 月

7.1.2 河口沉积物粒径与水沙通量变化的关系

1. 河口沉积物粒径垂向变化

南流江河口及其附近海域的表层沉积物类型有粗砂、粗中砂、细砂、砂、粉砂质黏土和砂–粉砂–黏二等类型（王文介等，1991），其中南流江入海口以砂、细砂为主（图 7-7）。

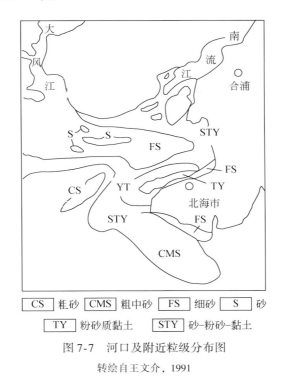

图 7-7 河口及附近粒级分布图

转绘自王文介，1991

与北海港附近钻孔的垂向平均粒径相比，南流江河口（七星岛）表层粒径比北海港小 0.5φ 左右，但表层 0～10 cm 沉积物变粗的趋势相同，与 11～16 cm 又转而逐渐变细也是一致的。17～80 cm 北海港附近沉积物逐渐变细（许冬等，2012），南流江河口逐渐变粗，到了 80 cm 深处左右北海港附近的平均粒径逐渐升至 7φ 左右，河口则降至 3.3φ 左右（图 7-8）。综上，北海港附近区域和南流江河口区的表层粒径变化波动大，16 cm 深度以下前者粒径逐渐稳定在 7φ 左右。后者则逐渐变粗，这些粗颗粒很可能是海向输沙带来的经过波浪和潮汐综合作用沉降而形成的沉积物。

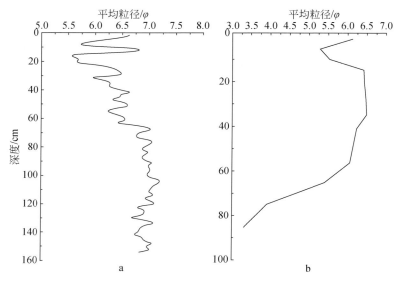

图 7-8　河口及北海港附近沉积柱平均粒径

a. 北海站（许冬等，2012）；b. 南流江河口

南流江河口区柱状样的沉积物垂向粒径参数显示，中值粒径总体呈"中间大、两头小"特征，表层 10 cm 逐渐变细，最后稳定在 7φ 左右，到 45 cm 深则逐渐变粗，最粗达 2φ 左右。分选系数则两头大、中间小，最大为柱状样最底部约 3.2，最小维持在 2.5 左右。偏态变化趋势与分选系数类似，最大出现在底部约为 0.5。表层 20 cm 峰态较小，深度大于 20 cm 的峰态维持在 0.8 左右（表 7-3，图 7-9）。柱状样沉积物组分以砂质泥和砂质粉砂为主（图 7-10）。

表 7-3　柱状样各层次粒径参数

样品层次/cm	中值粒径/φ	分选系数	偏态	峰态
0～1	6.31	2.72	−0.08	0.77
5～6	4.92	2.72	0.19	0.78

续表

样品层次/cm	中值粒径/φ	分选系数	偏态	峰态
10 ~ 11	5.28	2.78	0.13	0.73
15 ~ 16	6.47	2.50	−0.04	0.82
20 ~ 21	6.39	2.49	0.00	0.83
25 ~ 26	6.44	2.40	−0.01	0.88
30 ~ 31	6.46	2.44	−0.01	0.86
35 ~ 36	6.55	2.44	−0.05	0.85
40 ~ 41	6.21	2.51	0.01	0.83
45 ~ 46	6.12	2.53	0.01	0.83
55 ~ 56	6.04	2.63	0.00	0.80
65 ~ 66	5.19	2.80	0.09	0.80
75 ~ 76	3.11	3.09	0.36	0.82
85 ~ 86	2.13	3.20	0.49	0.87

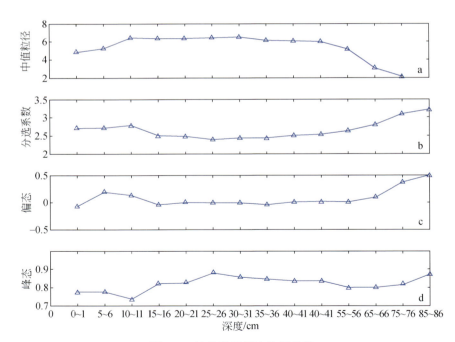

图 7-9　柱状样各层次粒径参数

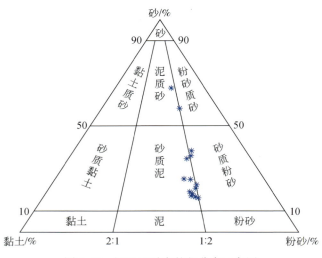

图 7-10　河口区垂向粒径分布三角图

2. 河流–河口悬浮泥沙粒径的变化

为了弄清流域来沙对河口沉积的影响，于 2016 年水沙变化较明显的洪季（7、8、9 月）在南流江上游博白和下游常乐站采集水沙样品。对样品流量和悬浮泥沙的粒径参数分析结果表明，因上游属于典型山区河流，博白站各种粒径参数的变化幅度比常乐站大；常乐站的流量变化幅度很大，但粒径参数变化不大；两者的中值粒径维持在 7φ 左右，博白站的分选系数和峰态比常乐站大、偏态则较小（图 7-11）。

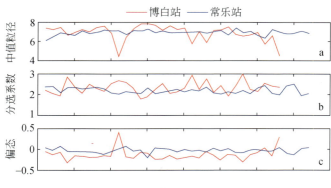

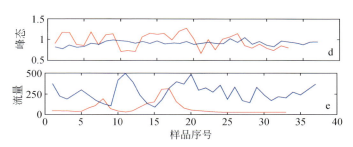

图 7-11　2016 年 7~9 月博白站和常乐站粒径参数变化

a. 中值粒径；b. 分选系数；c. 偏态；d. 峰态；e. 平均流量

概率累积曲线可直观地辨别沉积物的搬运方式，反映沉积物与搬运营力的关系（戴志军和李春初，2008）。分别对博白、常乐站和河口七星岛沉积柱的典型沉积物绘制概率累积曲线，三个站点沉积物的概率累积曲线均有明显前冲、反冲分界点，即所有站点的沉积物具有明显的双跳跃或多跳跃组分，常乐站和七星岛尤其明显（图 7-12）。博白站的粗截点均高于常乐站和七星岛，体现了上游博白站的沉积物颗粒较粗，滚动组分比例较高（大于 1%），而到了常乐站沉积物颗粒变细，滚动组分比例变低（小于 1%）。主要原因是粗颗粒沉积物自上游而下搬运过程中逐渐下沉于河床，河床中的较细颗粒被"置换"成为悬移质泥沙。图 7-13 显示，三个区域的沉积物十五组分峰值相似，均主要出现在极细粉砂和细粉砂组分。但呈现的模式有细微差异，博白站呈明显的双峰模式，常乐站为单峰模式，河口区则为不明显双峰模式，兼有博白站和常乐站的基本特征，这说明河口区的沉积物有部分是来自流域来沙，大部分沉积物则来自较强潮汐作用从口外带入口内的海沙，经波浪作用后海沙变粗，分选性进一步变好，从而没有出现类似博白站和常乐站明显的峰值（图 7-13）。同时，七星岛站点不同层次的沉积物搬运方式基本一致，表征不同年代的动力条件相差不大。

具体来说，博白和常乐站的极细粉砂比率均最高，分别为 19.59% 和 18.21%。前者的中细黏土–细粉砂和极细砂–极粗砂比率比后者高，而细粉砂–极细砂较低（图 7-14），即上游往下游较细颗粒泥沙增加而较粗颗粒减少。越往下游，坡降减小，河面展宽，泥沙粗颗粒沿程沉降淤积（图 7-14）。印

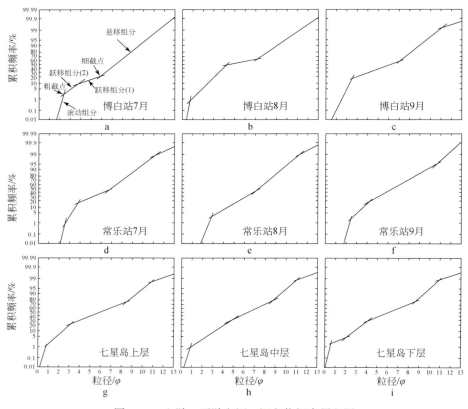

图 7-12 上游、下游和河口沉积物概率累积图

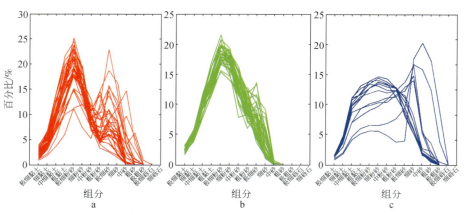

图 7-13 上游、下游和河口十五组分变化

a. 博白站；b. 常乐站；c. 七星岛

证了前章所述，表 5-1 显示，合江–常乐河段河槽以淤积为主（图 7-15 A 区），而博白–合江段河槽以冲刷为主（图 7-15 B 区），博白–常乐段冲刷作用占优。总体来说，常乐站的悬沙中值粒径为 6.92φ，高于博白站的 6.87φ，而七星岛沉积柱表层样的中值粒径 6.31φ 为三者中最小，说明了河口区泥沙颗粒较粗。这点也从沉积物的福克三角图得到印证，博白站主要集中于砂质泥，常乐站主要分布于泥和砂质泥，河口区则属于砂质泥和砂质粉砂（图 7-16a，图 7-16b）。此外，河口区泥沙颗粒也比下游河床粗（图 7-17）。

图 7-14　下游河床沉积物

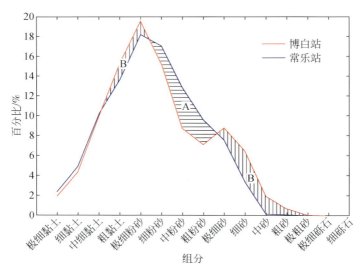

图 7-15　十五组分平均值变化

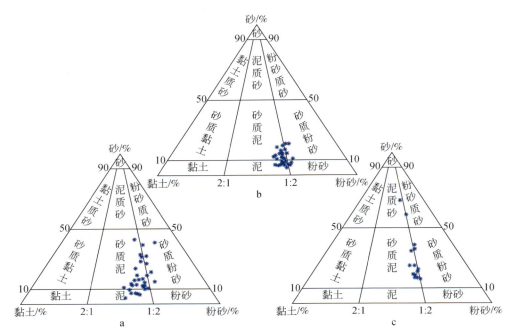

图 7-16　上游、下游和河口粒径分布三角图

a. 博白站；b. 常乐站；c. 七星岛

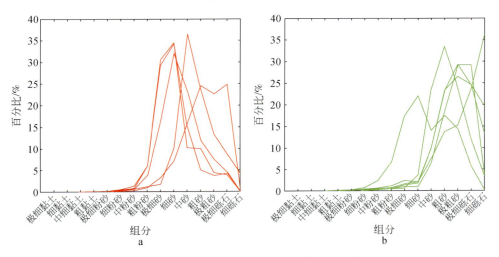

图 7-17　下游与河口区河床沉积物十五组分

a. 下游；b. 河口

综上，河口区柱状样的沉积速率逐年加快，与其动力环境和泥沙输运有密切关系。它与同期河流水沙通量减小趋势相反，表明南流江入海水沙通量对河口沉积环境影响有限。河口区沉积物垂向上中值粒径先增大再减小，总体呈"中间大、两头小"特征。横向上，与上下游类似，河口区沉积物组分呈现不明显双峰模式，说明部分泥沙来源于河流上游；河口区沉积物粒径比河流的上、下游粗，分选性好，表明河口外粗颗粒泥沙被涨潮时带入，后经波浪进一步分选，颗粒较河流上下游沉积物的变化均匀。以上分析表明，入海泥沙并非河口高淤积的主要因素，这为理解南流江河口三角洲泥沙来源提供了一个新角度。

7.2　河口岸线与水沙通量变化的关联分析

随着全球气候变暖和海平面上升，全球海岸线普遍后退。我国海岸线则因为愈演愈烈的人类活动（如围填海工程）逐渐向海推进（毋亭和侯西勇，2016）。可见，在海岸侵蚀与淤积、海平面变化和人类活动等因素的综合作用下海岸线发生的巨大变化，给沿海人们生活生产和生态环境带来严重的负面影响。因此，海岸线变化受到国内外学者的普遍关注（Komar，1999；Romine et al.，2009；Mujabar and Chandrasekar，2013；徐进勇等，2013；毋亭和侯西勇，2016）。河口与海湾作为人类主要栖息和作业场所，其岸线变化是大陆海岸带过程研究的关键（武芳等，2013；孙晓宇等，2014）。利用不同时像卫星遥感图像监测海岸线的动态变化已成为国内外学者的共识（常军等，2004）。河流入海水沙变化是河口海湾岸线变化的重要因素之一。故，本节将利用遥感影像提取南流江口近 30 多年来岸线动态变化特征，探讨入海河道和潮滩的变化，并分析其与河流水沙变化的关联性。

7.2.1　南流江口岸线变化

首先利用海图对影像进行配准后，使用 ENVI 软件的 FLAASH 功能对影像进行大气校正，并以 5、4、3 波段组合进行岸线提取。利用岸线解译标志方法分析岸线类型。基于选定的遥感影像、结合实地踏勘资料，根据不同地物类型，提出岸线解译标志和提取原则：①河口海岸线以向海的横跨河流大桥为限；②砂质海岸以水陆分界线为界；③淤泥质海岸以植物（红树林）生长分布的边缘为界（黄鹄等，2006）；④人工岸线主要以防潮堤、防浪堤为界。

结合遥感影像解译结果、岸线变化情况、实地调研资料以及广西 908 专项调研资料，总结 1970 年以来南流江岸线变化总体可分三个阶段：第一阶段是 1970 年到 1986 年，南流江河口海岸线向海扩展近 10 km，扩展面积达到 65 km²，岸线扩展速率为 0.56 km/a，可能是海岛开发、岛陆相连由此拦截上游持续不断提供的沙源所致。第二阶段是 20 世纪 80 年代到 2003 年，岸线变化较大，主要原因有：一是 80、90 年代围海养殖不断扩大，岸线在增加，此时期围海养殖在河口地区普遍存在，典型区域有河流西边的鲎港江入海口、南域岛中部和河口西面的垌尾村；二是河流的来水来沙在自然状态下在河口不断淤积，七星岛南端和西南端是淤长比较明显的区域，但河口其他区域受来水来沙影响不大，与上游来水来沙减少没有必然关系；第三阶段是 2004 年至今，岸线趋于稳定，主要原因是 2003 年起较大规模修建海堤，自然岸线转变成稳定的人工岸线，岸线逐渐平直化（图 7-18）。

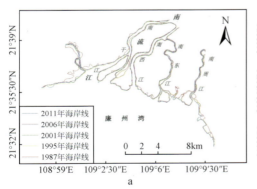
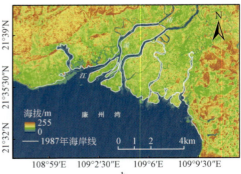

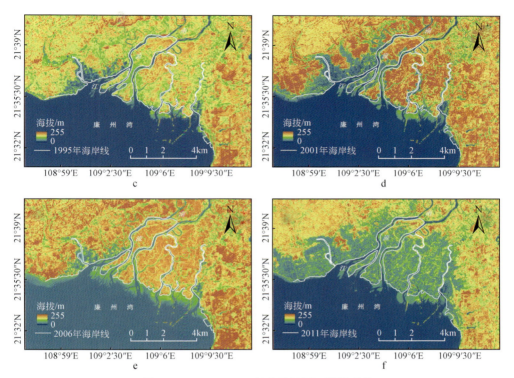

图 7-18　1987～2011 年南流江河口岸线变化

a. 1987～2011 年；b. 1987 年；c. 1995 年；d. 2001 年；e. 2006 年；f. 2011 年

7.2.2　南流江入海河道与河口潮滩变化

据史料记载，距今约 600 年前，古南流江河道是从现代南周江（现为洪水期分洪河道）入海。由于泥沙淤积，河道向西迁移到党江一带，从南西江和南东江入海。南西江曾是南流江入海主河道，1937 年的大洪水后，南干江成为主河道，南西江也因此逐渐淤浅。20 世纪 50 年代后，进行河道整治成现在比较稳定的南干江、南西江、南东江和南周江（图 7-19）。通过 Google Earth 截取近期（2005～2014 年）时间相近的南流江主要入海口——南干江河口影像的对比分析，结果显示河口沙嘴植被略有增加，可能是人工种植的红树林增加了地表植被覆盖度，但河口潮滩形态变化不明显（图 7-20）。因

此可以推测，早期南流江水沙通量较大，导致入海河道几度淤积改道。到了
近期，由于水沙通量逐渐减小，河口三角洲地区的人类活动（如建坝、建水
库、采砂和修建河堤等）愈演愈烈，现今的入海河道形势和潮滩形态得以
形成。

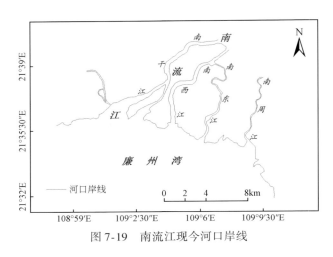

图 7-19　南流江现今河口岸线

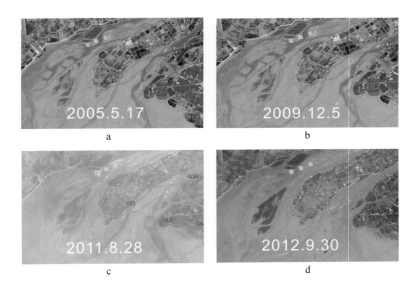

 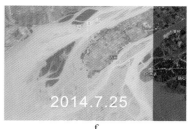

e　　　　　　　　　　　　　f

图 7-20　2005～2014 年南流江主要河口潮滩变化

资料来源：Google Earth

7.3　南流江入海水沙变化与河口三角洲的演变

河流入海泥沙运移与沉积可以帮助理解河口三角洲的演化趋势，入海泥沙多寡关系到河口三角洲的发展和衰退。南流江三角洲是北部湾北部最大的三角洲，曾经是丝绸之路的始发港，区位条件非常优越。因此，关于南流江三角洲沉积方面的研究受广泛关注，成果体现在泥沙运移和沉积环境演变等方面。黎广钊等（1994）通过合 14 孔和^{14}C 测年法研究南流江三角洲沉积特征及其环境演变，结果表明：陆上三角洲沉积层序完整，7000 年以来平均沉积速率为 1.25 mm/a；而南流江水下三角洲沉积速率则为 0.48～1.14 mm/a，南流江主河道自明代初，从东部周江逐渐向西部变迁至七星岛附近入海。梁文等（2001）研究发现，南流江水下三角洲沉积物粒度类型及其分布受水动力条件和物源的控制，水动力条件越强，沉积物粒度越粗；物源近，沉积物粗。沉积物粒度分区的排列方向与海流方向一致。陈波等研究表明，南流江三角洲大浅滩的形成主要与南流江径流输沙和长期堆积外推有关（陈波等，2007）。蒋磊明等（2008）研究发现，径流来沙是廉州湾内泥沙主要来源的结论。李春初对南流江河口过程及现代三角洲演变也做了详细阐述，其观点可以总结为（李春初，2009）两点。（一）全新世海侵结束后，近 6000 年来南流江河口地貌特征是：①曾经可能是一个海水入侵形成的三角港或河口湾；②湾外存在北部湾沿岸普遍发育的宽广巨大的砂质大浅滩——由海底或内陆架提供泥沙来源，是冰后期海侵过程中，随海平面上升和滨面转移过程带至现近岸带沉积的；③湾口地带可能存在由潮流作用改造上述沿岸浅滩形成的"潮成砂体"现象，这些潮成砂体为以后三角洲平原上若干河口三角洲或洲岛的出现奠定基础。（二）全新世海侵结束后，现代南流江河口三角洲发育的特点是：①径流及其泥沙偏于西侧入海；②潮流偏于东侧进入河口湾，以上即径、潮流路径不同的"陆海互动、耦合"现象；③径流入海细粒悬浮泥沙可由涨潮流重新带进河口湾（东侧）沉积。因此，现代南流江三角洲可能由"河控三角洲"和"潮控三角洲"两大部分构成。前者特征是沉积物砂质成分较重，河汊顺直；后者则泥质（黏土）成分较重，广泛发育弯曲或蜿蜒的潮汐水道，此为潮成平原特征。

如本章 7.1 节所述，就目前掌握的资料，本研究关于河流水沙变化与河口三角洲的沉积环境、岸线、河道和潮滩变化的相关论述，特别是关于南流江河口三角洲浅滩的泥沙主要来源于外海、河道西移和沉积物粒径等方面的阐述与李春初观点一致。

7.4　小　　结

^{210}Pb 测年结果显示南流江河口（七星岛）沉积速率约为 0.83 cm/a（R^2 = 0.91）。近年来南流江河口沉积速率不断加快，同期入海水沙则在不断减少。河口区沉积物组分与上游、下游类似，呈现不明显的双峰模式，但河口区沉积物粒径比上游、下游粗，分选性好，说明河流上游和下游的泥沙只有部分供给河口区。海域泥沙、强潮河口潮流、河口浅滩以及红树林促淤等为目前河口展现高淤积的主导因子。这印证了第 6 章中提到的大坝等水利工程减少了上游水沙对河口的影响，但同时加强了潮汐和波浪携带的泥沙对河口的影响。遥感影像分析结果表明，20 世纪 80 年代之前，河口岸线的变化则是海岛开发、岛陆相连致使岸线向海淤长所致。近期受人类活动影响为主，潮滩对水沙通量变化的响应不明显。

第8章　山区型河流与岛屿型河流水文过程的比较研究

独流入海的台湾岛屿型河流位于亚欧板块与菲律宾板块的挤压隆起，地处亚热带季风区，年均4次的热带气旋影响带来充沛雨量，"小河流–瞬时大通量–极端气候影响–快速物质转换"的陆源物质入海的源–汇体系（Yang et al.，2014），被认为是研究泥沙入海通量变化的理想区域。南流江河流则是发源于广西大容山南侧自北向南流入北部湾的南亚热带山区型河流。基于此，本章以台湾兰阳溪为对比案例，简要对比分析其水沙通量的变化特征，加深对山区型中小河流水沙通量变化特征的认识。

兰阳溪位于台湾东北部，发源于南湖大山北麓，注入太平洋（图8-1）。地处南亚热带气候区，冬季温度低湿度大，夏季受台风影响大，降水量丰沛。流域地质是古近纪和新近纪黏板岩系，上游地貌为高山，中游为丘陵，下游则为平原（图8-2）。主干道长73 km，主流河床平均坡降0.0182、流域面积978.63 km^2，年平均降水量3255.6 mm、年平均径流量2773.11×10^6 m^3，年平均输沙量7.98×10^{12} t。

尽管处在大致相同的地理纬度，南流江和兰阳溪的平均流量具有很大差异。南流江多年平均流量为166.18 m^3/s，是兰阳溪40.86 m^3/s的4倍。多年变化幅度（极大值–极小值）的差异也十分明显，南流江多年极大值是279.18 m^3/s，而兰阳溪是79.51 m^3/s，前者是后者的3倍多；南流江多年极小值是62.29 m^3/s，兰阳溪则是15.18 m^3/s，前者是后者的4倍多。显然，南流江极大和极小值相差4倍多，而兰阳溪则是5倍多。可见，尽管二者都具有洪峰瞬时增大、枯季流量迅速变小的现象，但岛屿性河流径流的变化要高于北部湾山区型河流（图8-3）。

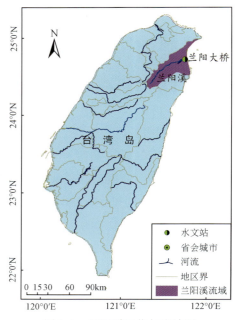

图 8-1　兰阳溪区位与流域图

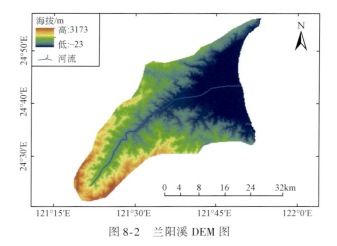

图 8-2　兰阳溪 DEM 图

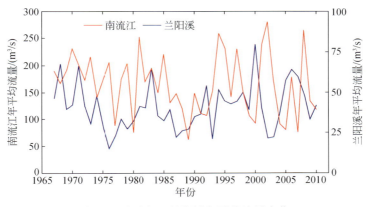

图 8-3　南流江、兰阳溪年平均流量变化

从年平均含沙量变化的总体趋势上看，与南流江较为明显的泥沙含量下降趋势不同，兰阳溪以 1991 年左右为界经历先上升后下降的趋势（图 8-4）。两者多年平均含沙量差异非常大，南流江 0.167 kg/m³ 是兰阳溪 0.00034 kg/m³ 的近 500 倍。南流江多年平均含沙量极大值是 0.3062 kg/m³，是兰阳溪 0.00091 的 300 多倍，极小值 0.0406 kg/m³ 是兰阳溪 0.000012 的 3000 多倍；南流江极大值与极小值相差 7.5 倍左右，而兰阳溪相差 75 倍左右。这表明台湾岛屿型河流平均含沙量极值变化远大于北部湾山区型河流。与南流江情况类似，兰阳溪平均流量和平均含沙量的相关性分析结果显示两者呈正相关（图 8-5），通过 99% 置信度检验。

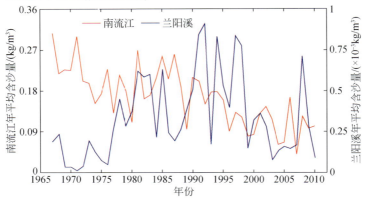

图 8-4　南流江、兰阳溪年平均含沙量变化

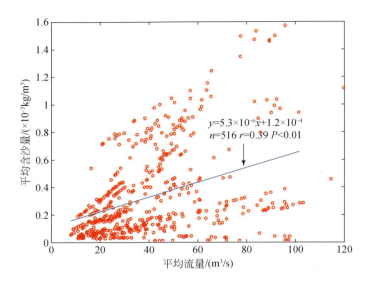

图 8-5 兰阳溪平均流量和平均含沙量的相关性

兰阳溪月平均流量的振荡周期与南流江比较一致（图 2-6，图 8-6），均为 4～6 年和 11 年左右。具体而言，21 世纪之前有 5 年和 11 年左右周期，而进入 21 世纪后周期变为 7～8 年。兰阳溪平均含沙量变化周期大致为 4～6 年和 15 年（图 8-7）。

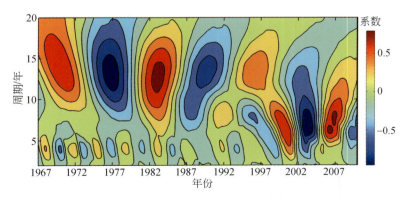

图 8-6 兰阳溪月平均流量小波分析

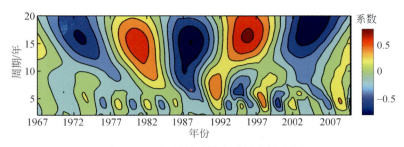

图 8-7　兰阳溪月平均含沙量小波分析

兰阳溪的月平均流量和月平均含沙量高值区均集中于 9～12 月，且表现出"高流量-低含沙量"的逆同步性规律。1971、1983、2000 年全年平均流量均较高，1983、1985、1992、1997 年全年平均含沙量较高，而 1969～1972 年全年平均含沙量均处低值区（图 8-8）。兰阳溪含沙量最高的月份出现在 10 月，而 4 月是南流江平均含沙量最高的时间。这种情况可能与台风影响相关，如 1983 年的佛瑞特台风、1985 年的白兰黛、尼尔森台风和 1992 年的泰德、宝莉和欧马台风对兰阳溪影响很大。

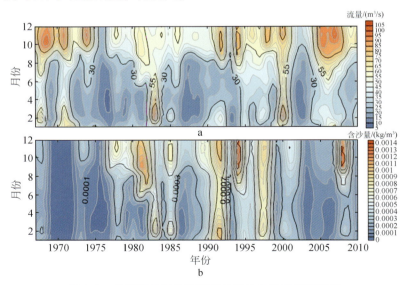

图 8-8　兰阳溪月平均流量和月平均含沙量等值线图

a. 平均流量；b. 平均含沙量

与南流江相比，兰阳溪年代际、月流量–泥沙比率曲线较复杂，变化规律不明显（图8-9，图8-10，表8-1）。尤其是1970年后，出现流量增加含沙量减少的特殊情况，这可能与兰阳溪流域台风等极端天气频发有关。

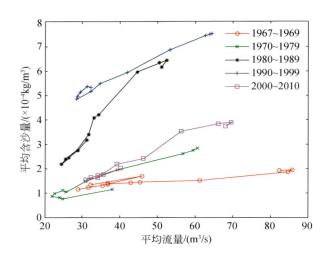

图8-9　兰阳溪年代际月流量–泥沙比率曲线

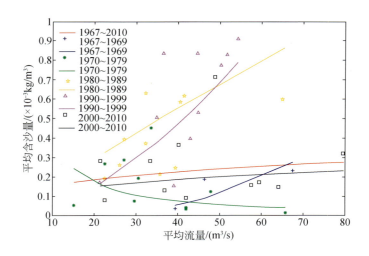

图8-10　兰阳溪年代际流量–泥沙比率曲线

表8-1　兰阳溪年代际水沙关系曲线关系式

年代	关系式
1967~2010	$y = 8 \times 10^{-5} x^{0.2832}$ （$R^2 = 0.01$）
1967~1969	$y = 7 \times 10^{-10} x^{3.0611}$ （$R^2 = 0.6398$）
1970~1979	$y = 0.0071 x^{-1.242}$ （$R^2 = 0.1949$）
1980~1989	$y = 2 \times 10^{-5} x^{0.9009}$ （$R^2 = 0.3297$）
1990~1999	$y = 1 \times 10^{-6} x^{1.6698}$ （$R^2 = 0.4661$）
2000~2010	$y = 6 \times 10^{-5} x^{0.3098}$ （$R^2 = 0.0389$）

将兰阳溪日平均流量和日平均含沙量分别分成7个和10个区间，每个区间的平均值和所占百分比见表8-2。结果显示，兰阳溪日平均流量第1、2区间（3.23~50 m³/s，50~100 m³/s）占90%以上。其中第1区间平均值24.42 m³/s，占68.47%，主要分布在1~8月份；第2区间平均值69.54 m³/s，占17.54%，主要分布在9~12月份，而最后区间300~3150 m³/s，只占2.12%，主要分布于8~12月（表8-2，图8-11）。日平均含沙量前三个区间（小于0.0006 kg/m³）约占80%，其中第1区间4.13×10⁻⁶~0.0002 kg/m³占47.46%，集中分布于1~8月，第2区间0.0002~0.0004 kg/m³占22.78%，集中分布在9~12月；而最后的一个区间0.0012~0.0014 kg/m³只占1.25%，主要分布于9~12月（表8-2，图8-12）。以上分析表明，与南流江情况类似，兰阳溪的全年流量与含沙量大部分集中在较小区间，流量和含沙量高值区所占比例较小。但两者又有差别，比如4~8月南流江水沙通量普遍较高，但兰阳溪则较低；而兰阳溪水沙，特别是平均含沙量，高值区所占比例都比南流江高。这表明兰阳溪的水沙含量极值较高的时间出现较多，表明其水沙变化的突发性较强。

表8-2　兰阳溪水沙概率密度分布

序号	平均流量			平均含沙量		
	区间/（m³/s）	平均值/（m³/s）	百分比/%	区间/（kg/m³）	平均值/（kg/m³）	百分比/%
1	3.23~50	24.42	68.47	4.13×10⁻⁶~0.0002	0.0001	47.46

续表

序号	平均流量			平均含沙量		
	区间/(m³/s)	平均值/(m³/s)	百分比/%	区间/(kg/m³)	平均值/(kg/m³)	百分比/%
2	50 ~ 100	69.54	17.54	0.0002 ~ 0.0004	0.0003	22.78
3	100 ~ 150	122.19	5.35	0.0004 ~ 0.0006	0.0005	10.42
4	150 ~ 200	172.81	2.40	0.0006 ~ 0.0008	0.0007	7.24
5	200 ~ 250	223.49	1.17	0.0008 ~ 0.001	0.0009	3.97
6	250 ~ 300	272.30	0.68	0.001 ~ 0.0012	0.0011	2.25
7	300 ~ 3150	680.03	2.12	0.0012 ~ 0.0014	0.0013	1.25
8				0.0014 ~ 0.0016	0.0015	1.08
9				0.0016 ~ 0.0018	0.0017	0.64
10				0.0018 ~ 0.0969	0.0048	2.92

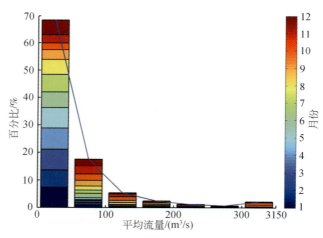

图 8-11　兰阳溪平均流量密度分布

　　造成南流江和兰阳溪水沙通量变化特征分异的主要因素有地质构造、气候条件和人类活动。①区域地质构造条件：南流江地处新华夏构造体系第二沉降带与华南褶皱带的交汇点，总体地势是西北高、东南低，近岸浅海属半封闭性大陆架海域，海底地形坡度平缓，平均坡降为 0.37‰。兰阳溪发源于南湖大山北麓，注入太平洋，地势比南流江高，平均坡降为 18.18‰。显而易

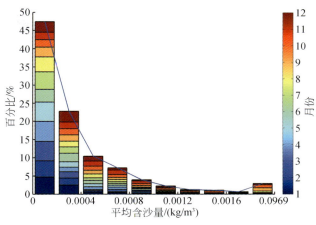

图 8-12　兰阳溪平均含沙量密度分布

见，兰阳溪平均坡降更高，水沙通量变化的速率更大。②气候因素：气候条件也是造成两条河流水沙变化分异的重要因素。南流江和兰阳溪同属亚热带季风气候区，季节变化明显，降水量丰沛，但后者属岛屿型山区河流，水沙变化对频繁的热带气旋活动更为敏感，突发性增减更强。③人类活动：两条河流的水沙通量都有不同程度的水利工程、城镇建设等人类活动干扰，相对而言南流江受采砂、修堤筑坝等人类活动影响更大。

综上所述，山区型中小河流（南流江）与岛屿型中小河流（兰阳溪）的水沙变化各具特点：前者水沙通量较大，后者水沙变化突发性强。两者的含沙量峰值不一致，前者出现在 4 月，后者出现在 10 月。两者的水沙振荡周期基本一致，但兰阳溪受热带气旋的影响程度明显高于南流江。此外，兰阳溪的平均流量和平均含沙量均偏小，高值区均集中于 9 ~ 12 月，且表现出"高流量-低含沙量"的逆同步性规律。这些都跟两者的区域地质构造条件、气候因素和人类活动强度等综合因素有关。

此外，冲积型河流（长江）、山区型河流（南流江）和岛屿型河流（兰阳溪）的水文参数对比结果显示，山区型河流流程、流域面积、水沙极值比、单位面积流量和坡降均介于冲积型河流和岛屿型河流之间；支干流河宽比和分汊河口主干宽度极值比较冲积型河流高。除此之外，山区型河流水沙峰值呈现顺时针"先沙后水"的明显特征，与冲积型河流长江的逆时针"先水后沙"（Dai et al.，2016）和岛屿型河流不明显的顺时针形成鲜明对比（表8-3）。

表8-3　冲积型河流、山区型河流和岛屿型河流水文参数对比

参数	冲积型河流（长江）	山区型河流（南流江）	岛屿型河流（兰阳溪）
流程/km	6397	287	73
流域面积/km²	1800000	9507	978.63
年平均流量极值比（最小/最大）	0.49	0.22	0.19
年平均含沙量极值比（最小/最大）	0.16	0.13	0.01
平均流量/面积/（m/s）	0.0156	0.0173	0.0418
坡降	0.026‰ *（宜昌至河口三角洲河段）	0.35‰	18.18‰
河宽比（支流/干流）	0.0488	0.3591	无
分汊河口主干宽度极值比（最小/最大）	0.0652	0.0701	无
流量-泥沙比率曲线			

*据水利部长江水利委员会水文局，2000。

第 9 章　南流江保护与治理

水沙变化及其对河口影响的复杂性需要我们积极探索河流保护与综合治理新模式。本章将探讨"流域–海岸–海湾"集成管理理念在河流保护与治理的应用，并提出南流江保护和治理对策。

9.1　创新流域管理理念："流域–河口海岸–海湾"集成管理

河流入海的海湾地区是陆地和海洋交汇的地带，为全球经济社会发达地区，生态服务价值高。然而，由于港口建设、海水养殖等高强度的人类活动直接对海湾形态、动力环境、水环境等产生严重影响，海湾赤潮、溢油污染、富营养化等一系列的环境恶化事件频繁发生。很多研究将以上环境问题归因于海湾周边的人类活动和半封闭的自然特征，很少考虑到入海河流流域的环境变化对海湾造成的影响，甚至超过海湾周边海岸的人类活动。然而，事实已证明流域的环境变化也是诱发海湾环境变异的重要因素，对海湾的管理需要综合考虑"流域–海岸–海湾"系统（下称"大海湾系统"）环境变化的集成管理。大海湾系统的集成管理是指流域治理、海岸防护和海湾管理等相关要素、理论和方法的集成优化，实现大海湾系统环境变化要素间的高交融度。

从系统论的角度看，入海河流流域系统、海岸系统和海湾系统是相互联系、相互作用的，它们耦合而成大海湾系统。大海湾系统的本质是陆海统筹，是一种人地关系地域系统，是人与地在特定的地域中相互联系、相互作用而形成的一种动态结构（吴传钧，1991）。它是指人地关系在"流域–海岸–海湾"的相互联系和相互作用下形成的动态结构，有整体性、层次性、动态性和平衡性等特点。基于大海湾系统的环境变化管理是个复杂的巨系统，涉及流域治理、海岸防护和海湾管理等多方面内容，必须突破传统管理方式，从新的管理理论和方法寻求突破口。

"集成是指某一系统或某一系统的核心把若干部分、要素联结在一起，使之成为一个统一整体的过程，集成的原动力是新的统一形成之前某种先在的系统或系统核心的统摄、凝聚作用"（李宝山和刘志伟，1998）。集成管理是一种全新的管理理念与方法，其核心是强调运用集成的思想和理念指导管理实践，本质是要素的整合和优势互补（霍国庆和杨英，2001）。集成管理强调整合思想，突出管理的一体化，可为流域、海岸、海湾的一体化管理提供新渠道。大海湾系统的集成管理，是指系统认识系统要素及其相互作用，在集成思想的指导下，创新理念、新方法、新措施，开阔视野和拓宽疆域，提高系统要素的交融度，增强管理的集成效应。具体而言，大海湾集成管理就是通过"四多一高"（即"多学科综合、多区域参与、多部门联合、多国家合作和高协调度"）的具体方法，依托"流域–海岸–海湾"三位一体研究体系、部门协商机制、适应性管理平台和国际合作机制的建立，提高大海湾系统要素的交融度，实现入海河流流域治理、相关海岸的防护和海湾管理的集成管理，见图9-1。

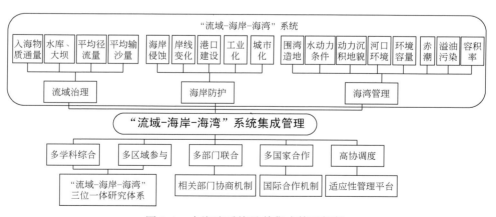

图 9-1　大海湾系统及其集成管理框架

9.2　南流江保护与治理对策

遵循"流域-海岸-海湾"集成管理理念，结合南流江经济社会发展阶段和生态环境状态的实际，对南流江保护与治理作如下三点探讨。

1. 建立"流域-海岸-海湾"三位一体研究体系

相对我国其他海湾而言，关于广西北部湾的研究起步较晚，积累的研究成果不多，长时间序列的基础数据缺乏。目前，正处经济社会发展上升期的广西北部湾应该站在更高的起点，应吸收渤海湾等海湾发展的经验和教训，促进地学、海洋学、水文学、河流海岸学等学科在大海湾系统的交叉与融合，加强大海湾系统的本底调查研究，尽早将长期观测网覆盖全海湾，研究入湾河流系统、海湾自身系统和海湾之外海域系统的相互关系，建立"流域-海岸-海湾"的一体化研究网络。对南流江而言，要通过多学科交叉融合，加强上、中和下游地区的水沙变化及诸如土地覆被变化、水土流失、采砂、气候变化等影响因素的系统研究，加强流域-河口三角洲的源-汇过程研究，形成"南流江流域-南流江河口海岸-廉州湾"综合研究体系，为南流江保护与治理和蓝色海湾整治提供科学依据。

2. 构建大海湾适应性管理平台

适应性管理是克服静态评价和环境管理的局限，通过对全体的管理，促进其学习和自身提高而增强有效适应不确定性的方式（Holling，1978）。效果好、效率高的海湾综合管理应该是一种适应性管理。适应性管理平台的建立是适应性管理成功与否的关键。就南流江而言，首先要建立流域所涉及的钦州市、北海市、玉林市地区各部门协商与合作制度，进而构建大海湾科学数据共享平台，建立大海湾生态环境监测预警预报系统，最后监测预警预报结果将及时反馈各相关部门。整个流程中，还需要吸收利益相关的公众和部门作为管理队伍成员之一，充分发挥公众和部门的积极性和集体智慧，参与海湾综合管理工作的调查研究、管理方案调整、政策制定和信息反馈等环节，逐步探索公众参与海湾综合管理的长效机制。如此循环反馈流程构成海湾适应性管理平台，为海湾综合管理提供适应性管理和准确决策的核心渠道，见图9-2。

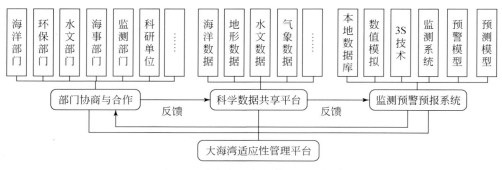

图9-2　大海湾适应性管理平台构建

3. 搭建合作研究平台，共建蓝色海湾

位于南流江入海口的合浦曾是古海上丝绸之路的始发港，现今该区域也是广西北部湾经济区和北部湾城市群的重要区域，发挥南流江三角洲的区位和资源优势，在国家蓝色海湾战略实施的大背景下，在中国–东盟自由贸易区、广西北部湾经济区和北部湾城市群的整体框架下，遵循生态经济发展原则，充分考虑和紧密结合东盟各国的海湾生态、经济社会发展需要，与海湾地区及东盟国家合作共建蓝色海湾，以期通过国际合作缓解和解决人类活动与海湾生态环境的矛盾。初步建议是：①鉴于同入一片湾，以广西北部湾最大的独流入海河流——南流江为纽带，与广东、海南等地区通过构建北部湾独流入海河流合作研究中心，开展河流入海物质通量、河口海岸侵蚀、河口三角洲演变、水文监测体系和大海湾地区防灾减灾合作等研究，打造陆海统筹和蓝色海湾整治与修复示范区；②通过构建中越国际河流合作开发中心与越南开展大小河流入海物质通量和河口三角洲演变对比研究等合作。以期健康可持续的北部湾蓝色海湾早日建成。

参 考 文 献

曹智露，胡邦辉，杨修群，等，2013. ENSO 事件对西北太平洋热带气旋影响的分级研究［J］. 海洋学报，35（2）：21-34.

常军，刘高焕，刘庆生，2004. 黄河三角洲海岸线遥感动态监测［J］. 地球信息科学，6（1）：94-98.

车良革，胡宝清，李月连，2012. 1991—2009 年南流江流域植被覆盖时空变化及其与地质相关分析［J］. 广西师范学院学报：自然科学版，29（3）：52-59.

陈波，邱绍芳，刘敬合，等，2007. 廉州湾南流江水下三角洲大浅滩及潮流深槽形成原因分析［J］. 广西科学院学报，23（2）：102-105.

陈波，董德信，陈宪云，等，2014. 历年影响广西沿海的热带气旋及其灾害成因分析［J］. 海洋通报，33（5）：527-532.

陈波，陈宪云，董德信，等，2015. 登陆北部湾北部台风对广西近岸水位变化的影响分析［J］. 广西科学，22（3）：1-6.

陈国保，陈利东，陆小林，2007. 玉林市近 50 年来干旱的发生规律及防御对策［J］. 南方农业学报，27（1）：105-108.

陈联寿，罗哲贤，李英，2004. 登陆热带气旋研究的进展［J］. 气象学报，62（5）：541-549.

陈润珍，何海燕，蔡敏，2005. 进入广西沿海影响区的登陆热带气旋气候特征分析［J］. 海洋预报，22（4）：54-59.

陈彦杰，2004. 台湾山脉的构造地形指标特性——以面积高程积分、地形碎形参数与河流坡降指标为依据［D］. 台南：台湾成功大学：10-50.

陈彦杰，宋国城，陈昭男，2006. 非均衡山脉的河流水力侵蚀模型［J］. 科学通报，51（7）：865-869.

程正泉，陈联寿，刘燕，等，2007. 1960—2003 年我国热带气旋降水的时空分布特征［J］. 应用气象学报，18（4）：427-434.

戴志军，李春初，2008. 华南弧形海岸动力地貌过程［M］. 上海：华东师范大学出版社.

高抒，1989. 台维斯学术思想的继承与突破［J］. 地理研究，8（1）：50-56.

葛全胜，郑景云，郝志新，2015. 过去 2000 年亚洲气候变化（PAGES- Asia2k）集成研究进展及展望［J］. 地理学报，70（3）：355-363.

葛振鹏，戴志军，谢华亮，等，2014. 北部湾海湾岸线时空变化特征研究［J］. 上海国土资源，（2）：49-53.

广西壮族自治区地方志编纂委员会，1998. 广西通志（水利志）［M］. 南宁：广西人民出版社.

侯刘起，2013. 南流江流域土壤侵蚀空间分布特征研究 [D]．南宁：广西师范学院．

胡敦欣，1996. 我国海洋通量研究 [J]．地球科学进展，11（2）：227-229.

黄鹄，戴志军，胡自宁，等，2005. 广西海岸环境脆弱性研究 [M]．青岛：海洋出版社．

黄鹄，胡自宁，陈新庚，等，2006. 基于遥感和 GIS 相结合的广西海岸线时空变化特征分析 [J]．热带海洋学报，25（1）：66-70.

黄鹄，戴志军，韦卫华，等，2015. 广西海岛资源评价与可持续利用 [M]．青岛：海洋出版社．

黄莹，胡宝清，2015. 基于小波变换的南流江年径流量变化趋势分析 [J]．广西师范学院学报：自然科学版，32（3）：110-114.

霍国庆，杨英，2001. 企业信息资源的集成管理 [J]．情报学报，20（1）：2-9.

蒋磊明，陈波，邱绍芳，2008. 廉州湾三角洲泥沙运移与海洋动力条件的关系 [J]．广西科学院学报，24（1）：25-28.

黎广钊，刘敬合，方国祥，1994. 南流江三角洲沉积特征及其环境演变 [J]．广西科学，（3）：21-25.

黎树式，黄鹄，戴志军，等，2014. 广西北部湾"流域–海岸–海湾"环境集成管理研究 [J]．广西社会科学，（12）：55-59.

李宝山，刘志伟，1998. 集成管理——高科技时代的管理创新 [M]．北京：中国人民大学出版社．

李春初，2009. 学思集——李春初地理文选 [M]．香港：中国评论学术出版社．

李春初，雷亚平，1999. 全球变化与我国海岸研究问题 [J]．地球科学进展，14（2）：189-192.

李高聪，高抒，戴晨，2016. 海南岛主要入海河流流域地貌演化 [J]．第四纪研究，36（1）：121-130.

李艳兰，欧艺，唐炳莉，等，2009. 近 50 年影响广西的热带气旋变化特征 [J]．气象研究与应用，30（2）：1-3.

梁文，黎广钊，刘敬合，2001. 南流江水下三角洲沉积物类型特征及其分布规律 [J]．海洋科学，25（12）：34-37.

梁音，史学正，史德明，1998. 从长江上游地区水土流失及"土壤水库容"分析 1998 洪水 [J]．中国水土保持，11（98）：32-34.

梁永玖，2010. 南流江流域下游地区——合浦县水土流失现状特征及防治措施 [J]．科技资讯，（13）：155-156.

林宝亭，梁祥毅，王远超，2012. 玉林市近 60 年旱涝的变化特征 [J]．广东气象，34（6）：42-44.

刘恩宝，程天文，赵楚年，等，1981. 台湾河流水文特征分析 [J]. 水文，10：37-43.

马胜中，2011. 北部湾广西近岸海洋地质灾害类型及分布规律 [D]. 北京：中国地质大学.

钱宁，张仁，周志德，1987. 河床演变学 [M]. 北京：科学出版社.

邱绍芳，赖廷和，2004. 廉州湾海水营养盐组成特征与主要环境因子的关系 [J]. 广西科学
院学报，20（3）：179-181.

任惠茹，李国胜，崔林林，等，2014. 近60年来黄河入海水沙通量变化的阶段性与多尺度特
征 [J]. 地理学报，69（5）：619-630.

尚红霞，孙赞盈，田世民，2015. 2000—2013年黄河下游河道冲淤变化分析 [J]. 人民黄河，
37（8）：7-9，12.

邵学军，王兴奎，2005. 河流动力学概论 [M]. 北京：清华大学出版社.

沈焕庭，朱建荣，1999. 论我国海岸带陆海相互作用研究 [J]. 海洋通报，18（6）：11-17.

沈焕庭，朱建荣，吴华林，2009. 长江河口陆海相互作用界面 [M]. 北京：海洋出版社.

水利部长江水利委员会水文局，2000. 1998年长江洪水及水文监测预报. 北京：中国水利水电
出版社.

孙晓宇，吕婷婷，高义，等，2014. 2000—2010年渤海湾岸线变迁及驱动力分析 [J]. 资源科
学，36（2）：0413-0419.

田方兴，周天军，2013. 西北太平洋热带气旋潜势分布和年际变率的数值模拟 [J]. 气象学
报，71（1）：50-62.

田卫堂，胡维银，李军，等，2008. 我国水土流失现状和防治对策分析 [J]. 水土保持研究，
15（4）：204-209.

王俊杰，刘珏，石铁柱，等，2016. 1990—2015年广西廉州湾红树林遥感动态监测 [J]. 福建
林学院学报，36（4）：455-460.

王文介，1986. 华南入海河流泥沙及其对海岸和陆架的影响初探 [J]. 泥沙研究，（4）：
29-38.

王文介，黄金森，毛树珍，等，1991. 华南沿海和近海现代沉积 [M]. 北京：科学出版社.

温克刚，2007. 中国气象灾害大典（广西卷）[M]. 北京：气象出版社.

毋亭，侯西勇，2016. 海岸线变化研究综述 [J]. 生态学报，36（4）：1170-1182.

吴传钧，1991. 论地理学的研究核心——人地关系地域系统 [J]. 经济地理，1（13）：1-6.

吴敏兰，2014. 北部湾北部海域营养盐的分布特征及其对生态系统的影响研究 [D]. 厦门：
厦门大学.

吴兴国，1998. 五十年来影响广西的热带气旋统计特征分析 [J]. 广西气象，19（4）：28-31.

武芳，苏奋振，平博，等，2013. 基于多源信息的辽东湾顶东部海岸时空变化研究 [J]. 资

源科学，35（4）：875-884.

肖宗光，2000. 广西南流江水土流失与水环境保护［J］. 水土保持研究，7（3）：157-158，207.

信忠保，许炯心，马元旭，2008. 黄土高原面积–高程分析及其侵蚀地貌学意义［J］. 山地学报，26（3）：356-363.

徐常三，曹兵，高鑫鑫，等，2014. 西北太平洋热带气旋发源特征与突变初步分析［J］. 海洋通报，33（1）：68-76.

徐进勇，张增祥，赵晓丽，等，2013. 2000—2012 年中国北方海岸线时空变化分析［J］. 地理学报，68（5）：651-660.

许冬，初凤友，杨海丽，等，2012. 北部湾现代沉积速率［J］. 海洋地质与第四纪地质，32（6）：17-26.

许炯心，2003. 流域降水和人类活动对黄河入海泥沙通量的影响［J］. 海洋学报，23（5）：125-135.

杨桂山，2000. 中国沿海风暴潮灾害的历史变化及未来趋向［J］. 自然灾害学报，9（3）：23-30.

曾令锋，1996. 广西沿海台风灾害风险评估初探［J］. 灾害学，（1）：43-47.

翟秀敏，鹿化煜，李郎平，等，2012. 不同时间尺度洛川塬地貌演化与侵蚀量估算［J］. 第四纪研究，32（5）：839-848.

张德禹，范昊明，周丽丽，等，2009. 嫩江流域春季解冻期土壤侵蚀对气候变化的响应［J］. 水土保持研究，16（6）：112-115.

张庆红，郭春蕊，2008. 热带气旋生成机制的研究进展［J］. 海洋学报，30（4）：1-11.

张晓兰，2005. 我国中小河流治理存在的问题及对策［J］. 水利发展研究，（1）：68-70.

张振克，丁海燕，2004. 近十年来中国大陆沿海地区重大海洋灾害分析［J］. 海洋地质动态，20（7）：25-27.

赵洪壮，李有利，杨景春，等，2010. 面积高度积分的面积依赖与空间分布特征［J］. 地理研究，29（2）：271-282.

赵焕庭，张乔民，宋朝景，等，1999. 华南海岸和南海诸岛地貌与环境［J］. 北京：科学出版社.

周玲萍，黄雪松，1997. 广西 1996 年气候影响评价［J］. 气象研究与应用，（1）：26-34.

周淑贞，2007. 气象学与气候学［M］. 北京：高等教育出版社.

Bianchi T S, Allison M A, 2009. Large-river delta-front estuaries as natural "recorders" of global environmental change［J］. Proceedings of the National Academy of Sciences, 106（20）：

8085-8092.

Chakrapani G J, 2005. Major and trace element geochemistry in upper Ganga River in the Himalayas, India [J]. Environmental Geology, 48 (2): 189-201.

Chen S C, Wu C, Shih P, 2012. The influence of the macro-sediment from the mountainous area to the river morphology in Taiwan [C]. AGU Fall Meeting Abstracts, 1: 1389.

Chen Y C, Sung Q, Cheng K Y, 2003. Along-strike variations of morphotectonic features in the Western Foothills of Taiwan: tectonic implications based on stream-gradient and hypsometric analysis [J]. Geomorphology, 56 (1): 109-137.

Choi K S, Moon I J, Moon I J, 2013. Relationship between the frequency of tropical cyclones in Taiwan and the Pacific/North American pattern [J]. Dynamics of Atmospheres & Oceans, 63 (5): 131-141.

Chueh S A, 2012. The spatial and temporal variability and budget of suspended sediment in Taiwan major rivers [J]. Marine Geology & Chemistry.

Dai Z, Chu A, Stive M, et al., 2011a. Is the Three Gorges Dam the cause behind the extremely low suspended sediment discharge into the Yangtze (Changjiang) Estuary of 2006? [J]. Hydrological Sciences Journal, 56 (7): 1280-1288.

Dai Z, Du J, Zhang X, et al., 2011b. Variation of riverine material loads and environmental consequences on the Changjiang (Yangtze) estuary in recent decades (1955—2008) [J]. Environmental Science & Technology, 45 (1): 223-227.

Dai Z, Liu J T, Wei W, et al., 2014. Detection of the Three Gorges Dam influence on the Changjiang (Yangtze River) submerged delta [J]. Scientific Reports, 4 (6600): 6600.

Dai Z, Fagherazzi S, Mei X, et al., 2016. Decline in suspended sediment concentration delivered by the Changjiang (Yangtze) River into the East China Sea between 1956 and 2013 [J]. Geomorphology, 268: 123-132.

Darby S E, Hackney C R, Leyland J, et al., 2016. Fluvial sediment supply to a mega-delta reduced by shifting tropical-cyclone activity [J]. Nature, 539 (7628): 276.

Emanuel K, 2005. Increasing destructiveness of tropical cyclones over the past 30 years [J]. Nature, 436 (4): 686-688.

Galewsky J, Stark C P, Dadson S, et al., 2006. Tropical cyclone triggering of sediment discharge in Taiwan [J]. Journal of Geophysical Research Atmospheres, 111 (F3): 122-140.

Hel S V D, 2016. New science for global sustainability? The institutionalisation of knowledge co-production in Future Earth [J]. Environmental Science & Policy, 61: 165-175.

Holling C S, 1978. Adaptive environmental assessment and management ［M］. New York: John Wiley and Sons.

Humborg C, Lttekkot V, Cociasu A, et al. , 1997. Effect of Danube River dam on Black Sea biogeo-chemistry and ecosystem structure ［J］. Nature, 386 (6623): 385-388.

Kao S J, Milliman J D, 2008. Water and sediment discharge from small mountainous rivers, Taiwan: the roles of lithology, episodic events, and human activities ［J］. Journal of Geology, 116 (5): 431-448.

Kiem A S, Franks S W, 2001. On the identification of ENSO- induced rainfall and discharge variability: a comparison of methods and indices ［J］. Hydrological Sciences Journal, 46 (5): 715-727.

Komar P D, 1999. Coastal change-scales of processes and dimensions of problems conference keynote address. Coastal Sediments ' 99 — Proceedings of the 4th International Symposium on Coastal Engineering and Science of Coastal Sediment, 1-17.

Liu H, Zhang D L, 2012. Analysis and prediction of hazard risks caused by tropical cyclones in Southern China with fuzzy mathematical and grey models ［J］. Applied Mathematical Modelling, 36 (2): 626-637.

Liu J P, Liu C S, Xu K H, et al. , 2008. Flux and fate of small mountainous rivers derived sediments into the Taiwan Strait ［J］. Marine Geology, 256 (1-4): 65-76.

Milliman J D, Farnsworth K L, 2013. River discharge to the coastal ocean: a global synthesis ［M］. Cambridge University Press.

Milliman J D, Kao S, 2006. Hyperpycnal discharge of fluvial sediment to the ocean: impact of super—typhoon herb (1996) on Taiwanese Rivers: a discussion ［J］. The Journal of Geology, 113 (6): 503-516.

Misir V, Arya D S, Murumkar A R, 2013. Impact of ENSO on river flows in Guyana ［J］. Water Resources Management, 27 (13): 4611-4621.

Mujabar P S, Chandrasekar N, 2013. Shoreline change analysis along the coast between Kanyakumari and Tuticorin of India using remote sensing and GIS ［J］. Arabian Journal of Geosciences, 6 (3): 647-664.

Newton A, Icely J, 2008. Land Ocean Interactions in the Coastal Zone, LOICZ: Lessons from Banda Aceh, Atlantis, and Canute ［J］. Estuarine Coastal & Shelf Science, 77 (2): 181-184.

Nilsson C, Reidy C A, Dynesius M, et al. , 2005. Fragmentation and flow regulation of the world's large river systems ［J］. Science, 308 (5720): 405-408.

Romine B M, Fletcher C H, Frazer L N, et al. , 2009. Historical shoreline change, southeast Oahu, Hawaii: applying polynomial models to calculate shoreline change rates [J]. Journal of Coastal Research, 25 (6): 1236-1253.

Snow R S, Slingerland R L, 1987. Mathematical modeling of graded river profiles [J]. Journal of Geology, 95 (1): 15-33.

Strahler A N, 1952. Hypsometric area-altitude analysis of erosional topography [J]. Geological Society of America Bulletin, 63 (11): 1117.

Sverdrup K A, Duxbury A C, Duxbury A B, 2005. An introduction to the world's oceans (8th edition) [M]. New York: McGraw Hill: 49-514.

Syvitski J P M, Green P, 2005. Impact of Humans on the Flux of Terrestrial Sediment to the Global Coastal Ocean [C]. AGU Spring Meeting. AGU Spring Meeting Abstracts: 376-380.

Vörösmarty C J, Meybeck M, Fekete B, et al. , 2003. Anthropogenic sediment retention: major global impact from registered river impoundments [J]. Global and Planetary Change, 39 (1-2): 169-190.

Walling D E, 1981. The reliability of suspended sediment load data [J]. In: Erosion and Sediment Transport Measurement (Proc. Florence Symp), 133.

Walling D E, 2006. Human impact on land-ocean sediment transfer by the world's rivers [J]. Geomorphology, 79 (3-4): 192-216.

Walling D E, Fang D, 2003. Recent trends in the suspended sediment loads of the world's rivers [J]. Global & Planetary Change, 39 (1-2): 111-126.

Wang H, Saito Y, Zhang Y, et al. , 2011. Recent changes of sediment flux to the western Pacific Ocean from major rivers in East and Southeast Asia [J]. Earth-Science Reviews, 108 (1-2): 80-100.

Webster P J, Holland G. J, Curry J A, et al. , 2005. Changes in tropical cyclone number, duration and intensity in a warming environment [J]. Science, 309 (5742): 1844-1846.

Wei W, Chang Y, Dai Z, 2014. Streamflow changes of the Changjiang (Yangtze) River in the recent 60 years: Impacts of the East Asian summer monsoon, ENSO, and human activities [J]. Quaternary International, 336 (12): 98-107.

Whipple K X, 2004. Bedrock rivers and the geomorphology of active orogens [J]. Annual Reviews of Earth Planet, 32 (12): 151-185.

Wiegel R L, 1996. Nile delta erosion [J]. Science, 272 (5260): 337.

Wu C S, Yang S, Huang S, et al. , 2016. Delta changes in the Pearl River estuary and its response to human activities (1954—2008) [J]. Quaternary International, 392: 147-154.

Xu K, Milliman J D, 2009. Seasonal variations of sediment discharge from the Yangtze River before and after impoundment of the Three Gorges Dam [J]. Geomorphology, 104 (3-4): 276-283.

Xue Z, Liu J P, Ge Q, 2011. Changes in hydrology and sediment delivery of the Mekong River in the last 50 years: connection to damming, monsoon, and ENSO [J]. Earth Surface Processes & Landforms, 36 (3): 296-308.

Yang S L, Shi Z, Zhao H Y, et al., 2004. Effects of human activities on the Yangtze River suspended sediment flux into the estuary in the last century [J]. Hydrology & Earth System Sciences, 8 (6): 1210-1216.

Yang S L, Milliman J D, Li P, et al., 2011. 50,000 dams later: Erosion of the Yangtze River and its delta [J]. Global & Planetary Change, 75 (1-2): 14-20.

Yang S Y, Wang Z B, Dou Y G, et al., 2014. A review of sedimentation since the last glacial maximum on the continental shelf of eastern China [J]. Geological Society London Memoirs, 41 (1): 293-303.

Yang S L, Xu K H, Milliman J D, et al., 2015. Decline of Yangtze River water and sediment discharge: Impact from natural and anthropogenic changes [J]. Scientific Reports, 5: 12581.